桑塔纳 2000AJR 发动机拆装实训

主　编　肖福文
副主编　周春辉

中国财富出版社

图书在版编目（CIP）数据

桑塔纳2000AJR发动机拆装实训 / 肖福文主编．—北京：中国财富出版社，2017.6
ISBN 978－7－5047－6536－9

Ⅰ．①桑…　Ⅱ．①肖…　Ⅲ．①轿车—装配（机械）—教材　Ⅳ．①U469.110.3

中国版本图书馆CIP数据核字（2017）第151954号

策划编辑　王淑珍　　**责任编辑**　戴海林　黄正丽
责任印制　石　雷　　**责任校对**　杨小静　　**责任发行**　敬　东

出版发行	中国财富出版社		
社　　址	北京市丰台区南四环西路188号5区20楼	**邮政编码**	100070
电　　话	010－52227588转2048/2028（发行部）		010－52227588转307（总编室）
	010－68589540（读者服务部）		010－52227588转305（质检部）
网　　址	http：//www.cfpress.com.cn		
经　　销	新华书店		
印　　刷	北京九州迅驰传媒文化有限公司		
书　　号	ISBN 978－7－5047－6536－9/U·0110		
开　　本	787mm×1092mm　1/16	**版　　次**	2017年9月第1版
印　　张	7.5	**印　　次**	2017年9月第1次印刷
字　　数	160千字	**定　　价**	26.80元

前　言

近几年来，随着汽车保有量继续快速增长，社会对汽车后市场高技能人才的需求也日益增强。为了更好地满足汽车后市场高技能人才的需求，本书以实用、够用为原则，通过设计项目引领、任务驱动的教学项目，引导学习者在完成学习任务的过程中领悟汽车发动机的构造、工作原理及零部件的特点。同时本着“以能力为本位、以就业为导向”的课程改革思路，按照项目教学方式进行编写。本书主要内容包括发动机拆装岗位介绍、外围附件的拆卸、配气机构及汽缸盖的拆卸、曲柄连杆机构的拆卸、曲柄连杆机构的安装、汽缸盖及配气机构的安装及外围附件的安装。本书以岗位能力要求为标准，将工作项目及具体任务贯穿知识体系，注重对学生拆装能力和操作规范的培养，突出“做中学、做中教”的教学特点，实现了教、学、做的有机融合，比较符合当前中职学生的学习特点。

本书在编写时努力贯彻新改革的有关精神，严格落实新教学标准的要求，努力体现以下特色。

（1）项目引领、任务驱动。依据中职学生的文化水平和认知特点，遵循技能人才的成长规律，通过项目引领、任务驱动，激发学习者的学习兴趣。以任务目标、任务准备、任务实施为步骤，学习内容环环相扣，使学习者在完成任务的过程中达到学习知识和提升技能的目的。

（2）图文并茂、注重实践。教材在内容编写上不断创新，按照维修企业的实际工作任务及流程组织，力求图文并茂，结构原理尽量采用实物图的形式，实践操作采用现场拍摄操作图的形式，注重教与学方法的创新，以提升教学内涵为目标。

（3）学为中心、强化自主。教材注重以学为中心，强化引导性问题和实践操作流程的设计，引导学习者提高自主学习能力，注重培养学习者的综合职业能力，力求体现“做中学、做中教”的教学理念。

（4）贴切生产、学以致用。教材内容力求对接职业标准，依据职业资格标准所要求的知识、技能和职业素养进行编写，同时紧密结合企业生产实际和典型工作任务，贴近岗位要求，突出实用性。力求实现教学过程与生产过程对接，真正达到学以致用的目的。

本书建议学时为 75 学时，具体学时分配如下表所示：

项目	建议学时	项目	建议学时
一	3	五	12
二	12	六	12
三	12	七	12
四	12	总计	75

本书由肖福文担任主编、周春辉担任副主编，具体分工为：肖福文编写了项目一、项目二、项目三，周春辉编写了项目四、项目五、项目六和项目七。全书由肖福文负责统稿。

此外，在本书的编写过程中，得到部分汽车维修企业、汽车教学设备企业等单位负责人的大力支持，在此一并表示衷心的感谢。本书在编写过程中参考了大量的文献资料，在此向文献资料的作者致以诚挚的谢意。

由于编写时间及编者水平有限，书中难免有错误和不妥之处，恳请广大读者批评指正。

编　者
2017 年 6 月

目录
Contents

项目一　桑塔纳 2000AJR 发动机拆装岗位介绍

学习任务

任务一　桑塔纳 2000AJR 发动机拆装岗位场地及设备的介绍

建议学时

3 学时

任务一　桑塔纳 2000AJR 发动机拆装岗位场地及设备的介绍

任务目标

1. 掌握桑塔纳 2000AJR 发动机拆装岗位场地所需使用的设备及工具名称
2. 能够规范地使用、维护工位内的相关设备及工具

任务准备

一、相关知识准备

1. 工作布置

桑塔纳 2000AJR 发动机拆装工位布置示意，如图 1－1－1 所示。此图为学生考试时的布置示意，在平时上课可以除去相关布置。

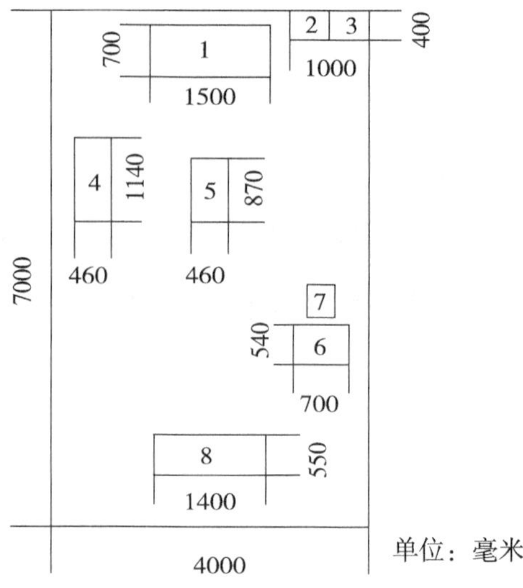

图 1－1－1　桑塔纳 2000AJR 发动机拆装工位布置示意

1—工作台；2—垃圾桶；3—拖把；4—工具车；5—发动机翻转架；6—学生用桌；7—凳子；8—老师用桌

2. 拆装实物

（1）发动机拆装工位布置，如图 1－1－2 所示。

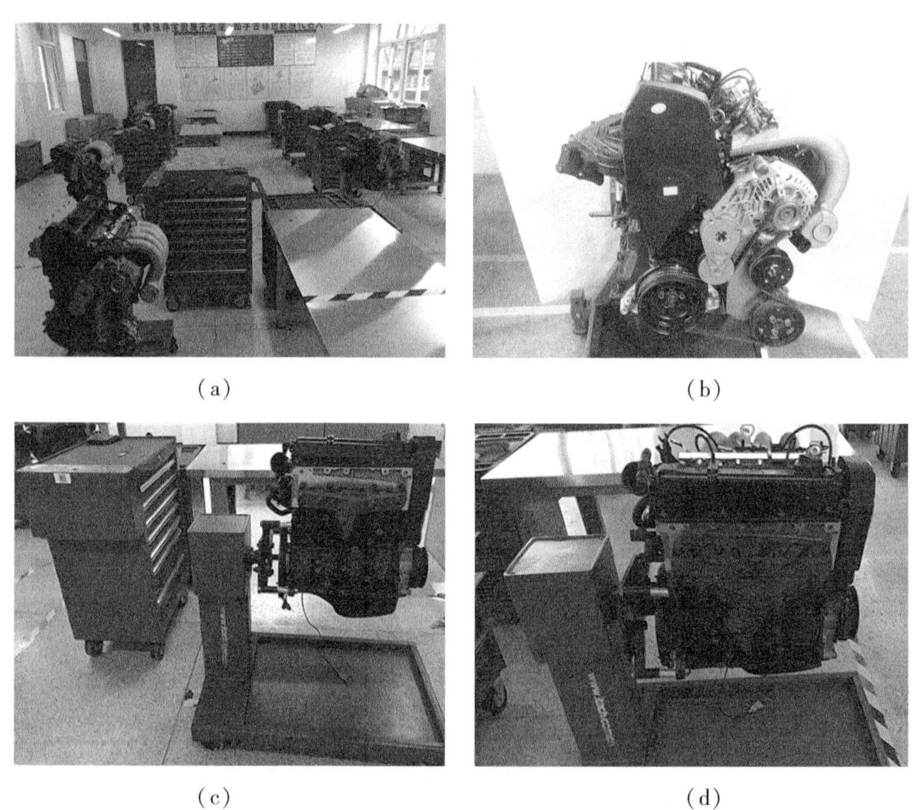

（a）　（b）　（c）　（d）

图 1－1－2　发动机拆装工位布置

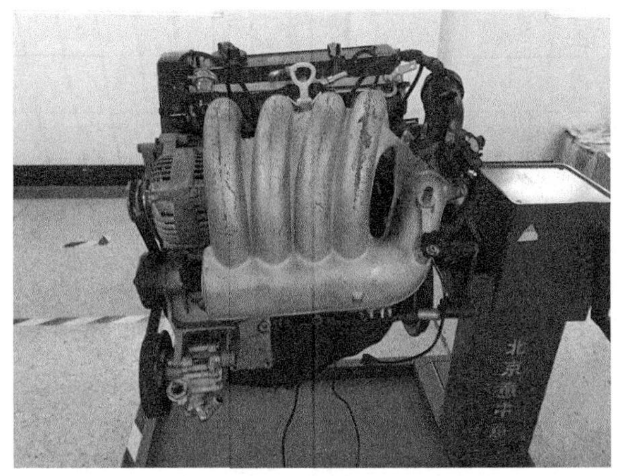

(e)

图 1－1－2　发动机拆装工位布置（续）

（2）拆装工作台物品布置，如图 1－1－3 所示。

图 1－1－3　拆装工作台物品布置

（3）工具车顶层摆放世达 150 件套装，第一层摆放世达扭力扳手，如图 1－1－4 所示。

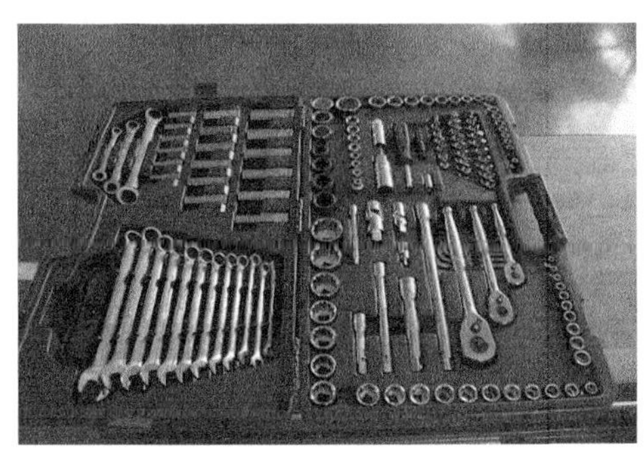

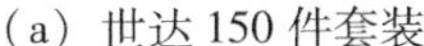

(a) 世达 150 件套装

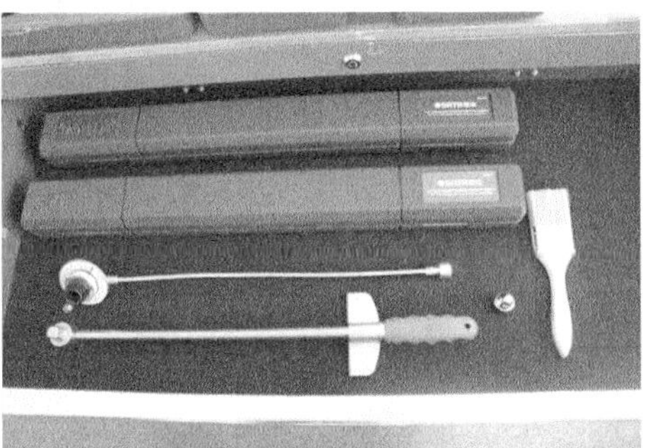

(b) 世达扭力扳手

图 1－1－4　工具车顶层摆放世达 150 件套装，第一层摆放世达扭力扳手

二、相关实训准备

桑塔纳 2000AJR 发动机及翻转架、世达工具 150 件、常用工具、工作台等。

任务实施

常用工具的分类。

（1）扳手类工具，如表 1－1－1 所示。

☞操作说明：扳手就是利用杠杆原理来拧转螺栓或螺母的普通工具。使用时沿顺时针或逆时针方向在柄部施加外力，就能拧转螺栓或螺母。

表 1－1－1　　扳手类工具

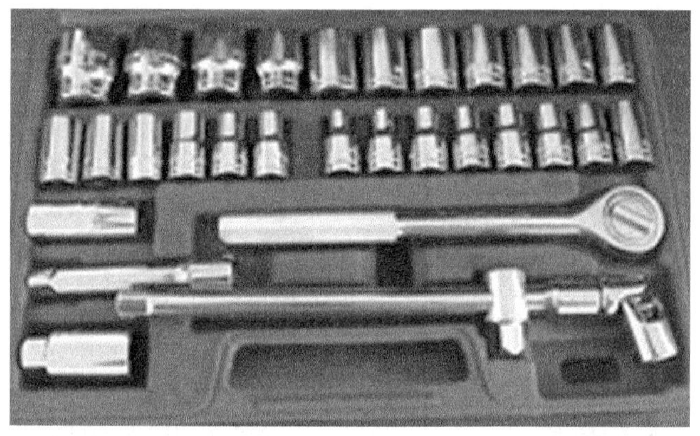 套筒是套筒扳手的简称，是上紧或卸松螺丝的一种专用工具。它由数个内六棱形的套筒和一个或几个上套筒的手柄构成，套筒的内六棱根据螺栓的型号依次排列，可以根据需要选用
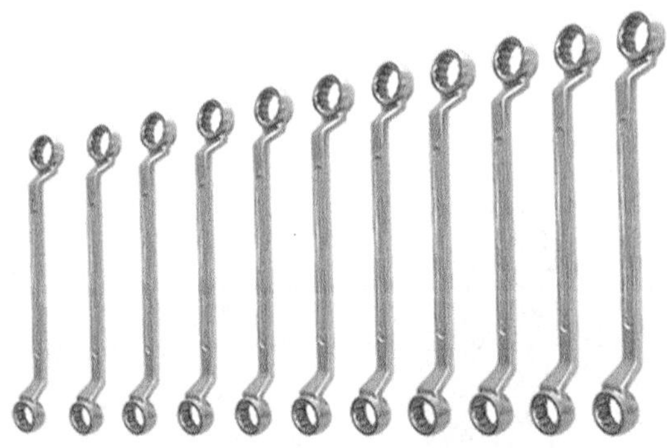 梅花扳手的转角较小，可用于只有较小摆角的地方（只需转过扳手 1/2 的转角），由于接触面大，无受力方向，可用于强力拧紧。且两端具有带六角孔或十二角孔的工作端，适用于工作空间狭小、不能使用普通扳手的场合

续　表

<table>
<tr>
<td>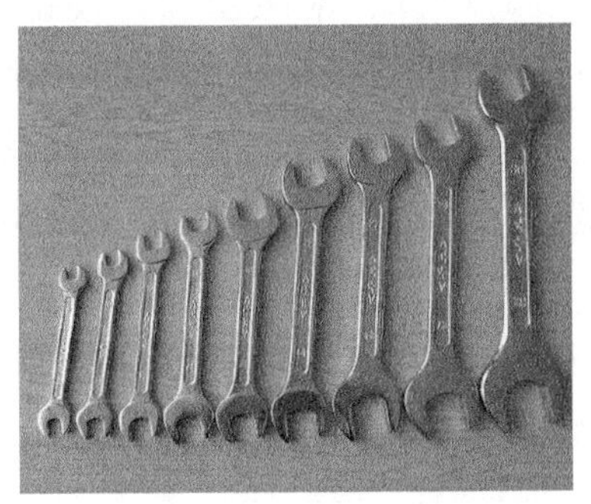
开口扳手的开口宽度6～24毫米范围内，有6件和8件两种，适用于拆装一般标准规格的螺栓和螺母
在使用开口扳手拧动螺栓或螺母时，不得把开口扳手的吃力方向弄反，如果反方向用力拧动，很可能把开口扳手的开口拉开，使开口扳手损坏</td>
<td>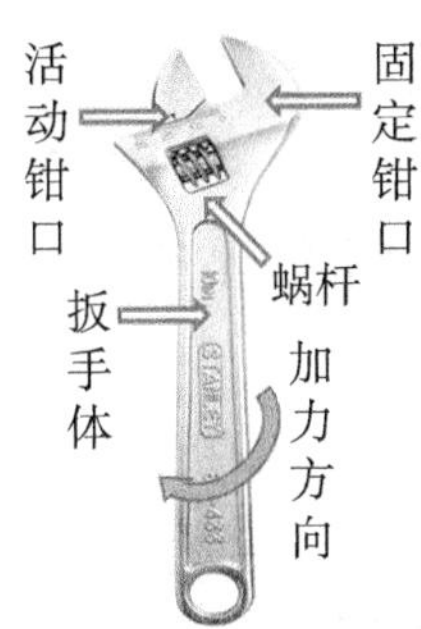

活动扳手的开口宽度可在一定尺寸范围内进行调节，能拧转不同规格的螺栓或螺母，适用于不同大小的螺栓或螺母的拆卸和安装。活动扳手的缺点是使用不方便、费力、空间较小，工作时扳手不易打开，并且容易伤人，容易把螺栓角磨圆滑；但活动扳手可以方便地调整扳手使用角度</td>
</tr>
<tr>
<td>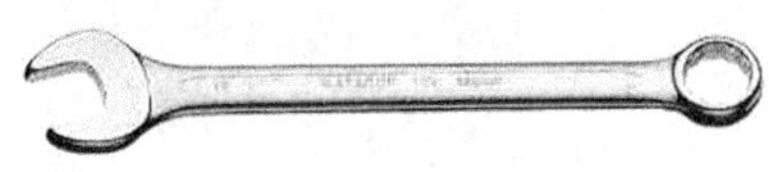
两用扳手的一端是开口扳手，另一端是梅花扳手，两端规格是相同的，用途都是拆卸和紧固螺栓螺母。这类工具的使用与梅花扳手和开口扳手基本相同，但它的开口扳手可以用来拆卸梅花扳手由于空间过小无法拆卸的螺栓和螺母</td>
<td>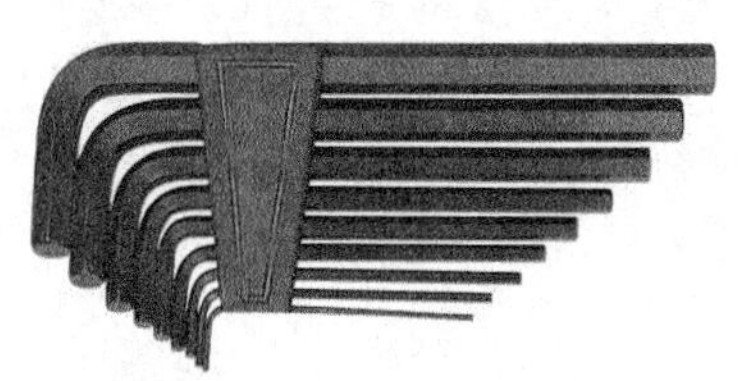
内六角扳手的选取应与螺栓或螺母的内六方孔相适应，不允许使用套筒等加长装置，以免损坏螺栓或者扳手</td>
</tr>
<tr>
<td colspan="2">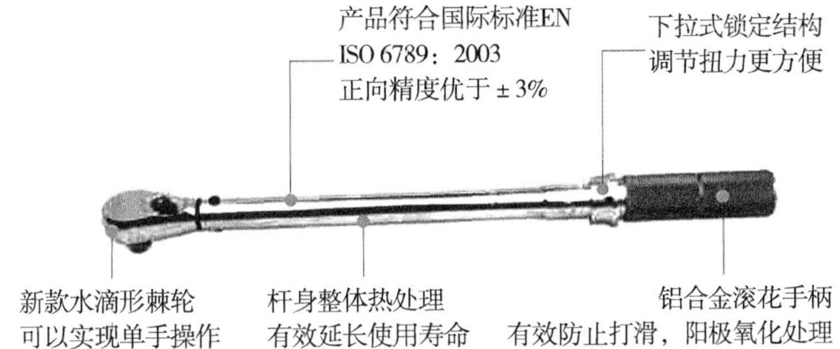

力矩扳手又叫扭矩扳手、扭力扳手、扭矩可调扳手，是扳手的一种。按动力源可分为：电动力矩扳手、气动力矩扳手、液压力矩扳手及手动力矩扳手；手动力矩扳手可分为：预置式、定值式、表盘式、数显式、打滑式、折弯式以及公斤扳手</td>
</tr>
</table>

（2）起子（旋具）类（螺丝刀），如表1－1－2所示。

☞操作说明：螺丝刀主要用来旋转一字槽形的螺钉、木螺丝和自攻螺丝等。它有多种规格，通常说的大、小螺丝刀是用手柄以外的刀体长度来表示的，常用的有100mm、150mm、200mm、300mm和400mm等几种。要根据螺丝的大小选择不同规格的螺丝刀。若用型号较小的螺丝刀来旋拧大号的螺丝，很容易损坏螺丝刀。

使用时，右手握住旋具，手心抵住柄端，旋具和螺钉同轴心，压紧后用手腕扭转，松动后用手心轻压旋具，用拇指、中指、食指快速扭转，使用长杆旋具，可用左手协助压紧和拧动手柄。

表1－1－2　　起子（旋具）类（螺丝刀）

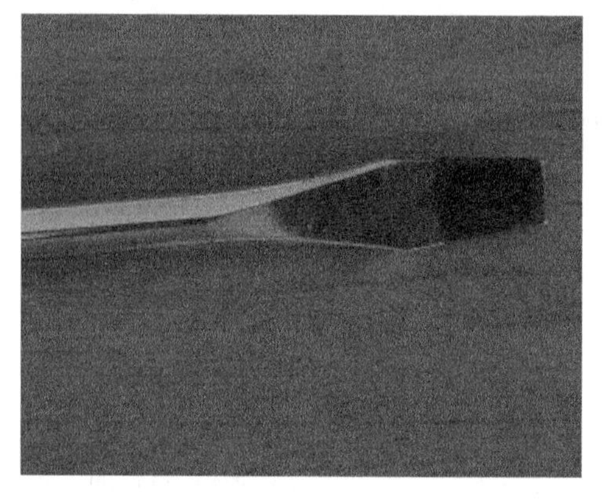	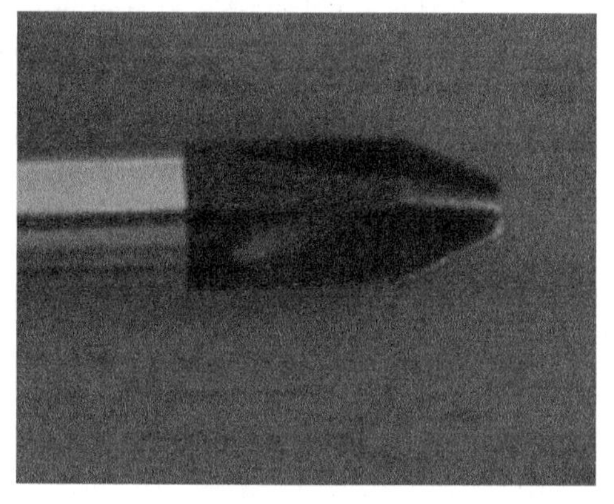
一字螺丝刀主要用来旋转一字槽形的螺钉、木螺丝和自攻螺丝等。它有多种规格，常用的有100mm、150mm、200mm、300mm和400mm等几种，要根据螺丝的大小选择不同规格的螺丝刀	十字形螺丝刀主要用来旋转十字槽形的螺钉、木螺丝和自攻螺丝等。使用十字形螺丝刀时，应注意使旋杆端部与螺钉槽相吻合，否则容易损坏螺钉的十字槽

（3）钳子类工具，如表1－1－3所示。

☞操作说明：钳子，是一种用于夹持、固定加工工件或者扭转、弯曲、剪断金属丝线的手工工具。钳子的外形呈V形，通常包括手柄、钳腮和钳嘴三个部分。钳子一般用碳素结构钢制造，先锻压轧制成钳胚形状，然后经过磨铣、抛光等金属切削加工，最后进行热处理。钳的手柄依据握持形式设计成直柄、弯柄和弓柄3种式样。

表 1－1－3　　钳子类工具

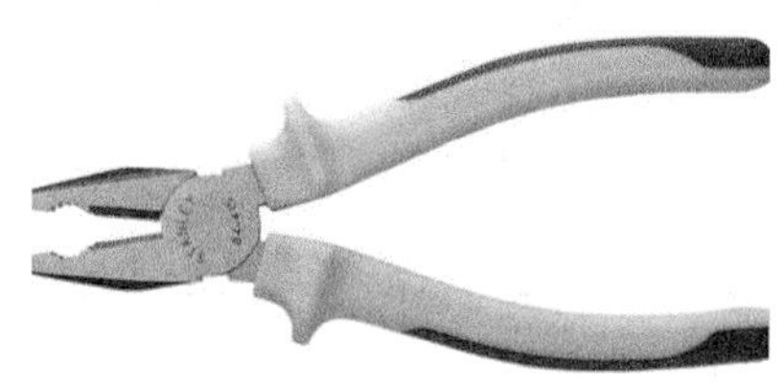 钢丝钳是一种五金工具，是用来夹住工件或剪切工件的专用工具，钳口不是固定的，钳口表面有锯齿和剪切刃口，所以也叫夹剪	 尖嘴钳，是电工（尤其是内线电工）常用的工具之一，主要用来剪切线径较细的单股线与多股线，还用来给单股导线接头弯圈、剥塑料绝缘层以及夹取小零件等
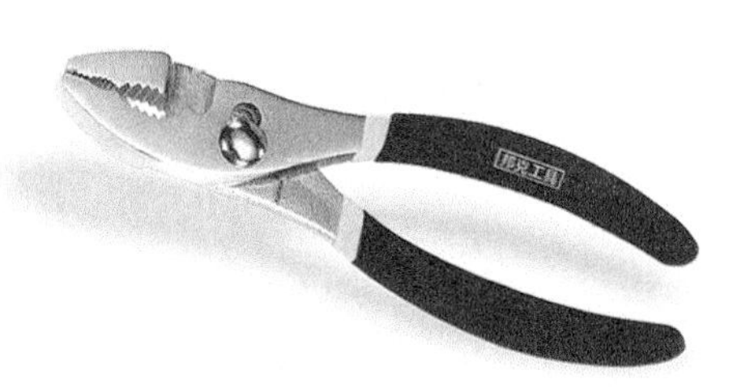 鲤鱼钳因外形酷似鲤鱼而得名，其特点是钳口的开口宽度有两挡调节位置，可放大或缩小使用。主要用于夹持圆形零件，也可代替扳手旋小螺母和小螺栓，钳口后部刃口可用于切断金属丝，在汽修行业中运用较多	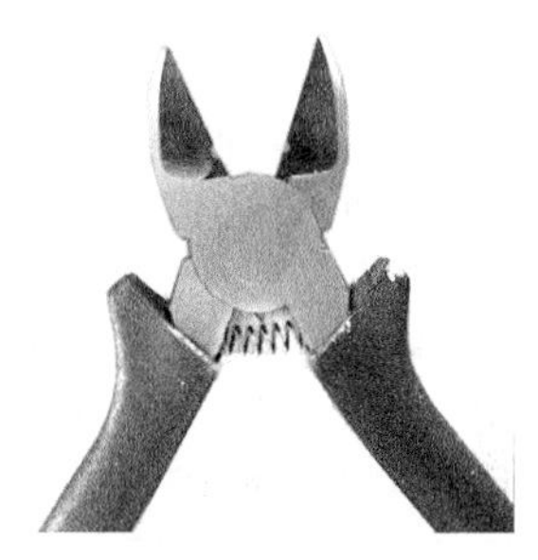 斜口钳主要用于剪切导线、元器件多余的引线，还常用来代替一般剪刀剪切绝缘套管、尼龙扎线卡等
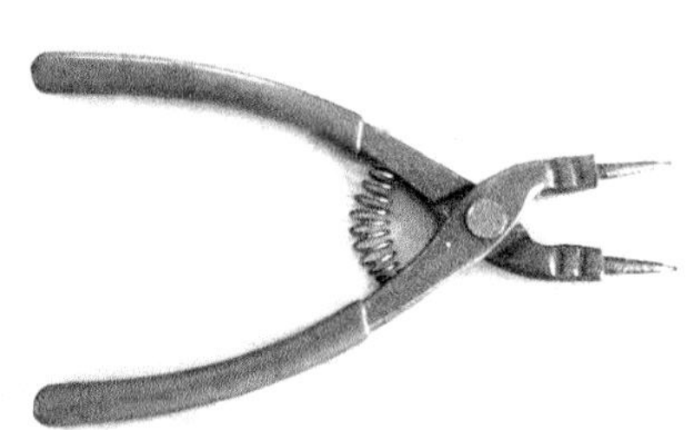 卡簧钳是一种用来安装内簧环和外簧环的专用工具，外形上属于尖嘴钳一类，钳头可采用内直、外直、内弯、外弯几种形式，不仅可以用于安装簧环，也可用于拆卸簧环；卡簧钳分为外卡簧钳和内卡簧钳两大类，分别用来拆装轴外用卡簧和孔内用卡簧	 剥线钳为内线电工、电动机修理电工、仪器仪表电工常用的工具之一，专用于电工剥除电线头部的表面绝缘层

(4) 敲击类工具，如表1-1-4所示。

☞操作说明：手锤是钳工常用锤之一，一般指单手操作的锤子，它主要由手柄和锤头组成。

表1-1-4 敲击类工具

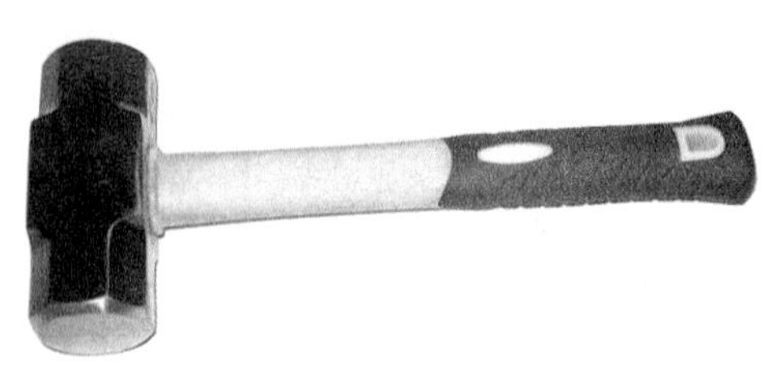	
手锤，由锤头和手柄组成；锤头重量有0.25千克、0.5千克、0.75千克、1千克等；锤头形状有圆头和方头；手柄用硬杂木制成，长一般为320～350毫米；手锤主要用于敲击工件，使工件变形、位移、振动，也可以用于工具的校正、整形	橡胶锤有一定弹性模量，使用时不会损坏被敲物面

铜棒主要用于敲击不允许直接接触的工件表面，不得用力太大。使用时，一般和手锤共用，一手握住铜棒，一手用手锤锤击铜棒另一端	

(5) 电动类工具，如表1-1-5所示。

☞操作说明：电动工具主要分为金属切削电动工具、研磨电动工具、装配电动工具和铁道用电动工具。常见的电动工具有电钻、电动砂轮机、电动扳手和电动螺丝刀、电锤和冲击电钻、混凝土振动器、电刨等。

表1－1－5　电动类工具

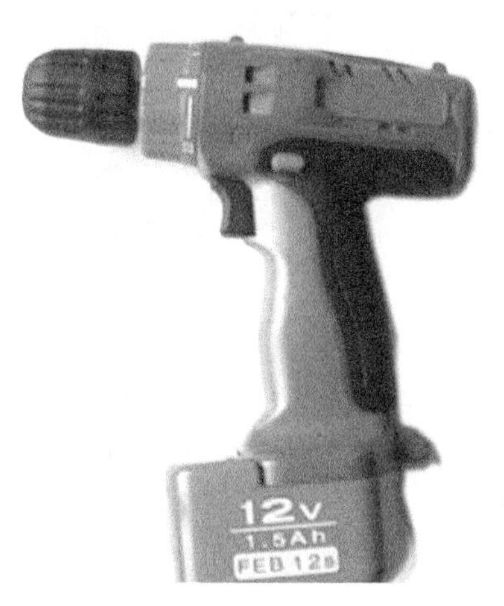 电动螺丝刀，别名电批、电动起子，装有调节和限制扭矩的机构，是拧紧和旋松螺钉用的电动工具	 电动砂轮机是用来刃磨各种刀具、工具的常用设备

（6）其他工具，如表1－1－6所示。

☞操作说明：在汽车维修中还会运用到一些其他专用工具，如撬棍、拉马、千斤顶等。

表1－1－6　其他工具

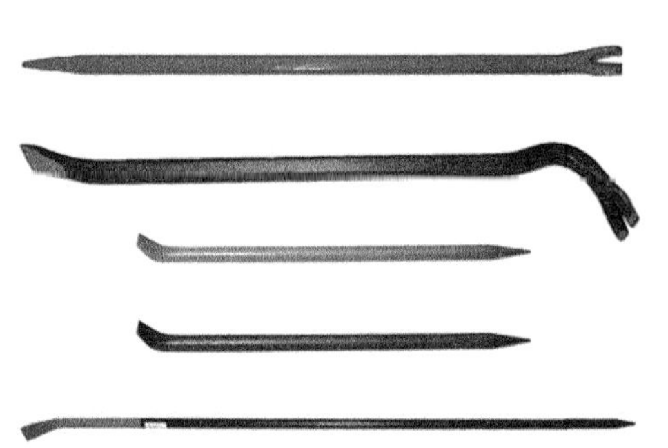 撬棍主要用于撬动旋转件或撬开结合面，也可以用于工件的整形；使用时以撬棍上的某点为支点，在撬棍一端加力使另一端的物体绕支点旋转并撬起	 拉马是使轴承与轴相分离的拆卸工具；使用时用三个抓爪钩住轴承，然后旋转带有丝扣的顶杆，轴承就被缓缓拉出轴了

续 表

 千斤顶是一种起重高度小于 1 米的最简单的起重设备，用钢性顶举件作为工作装置，通过顶部托座或底部托爪在行程内顶升重物的轻小起重设备，分机械式和液压式两种；千斤顶主要用于厂矿、交通运输等部门，作为车辆修理及其他起重、支撑等工具；其结构轻巧坚固、灵活可靠，一人即可携带和操作	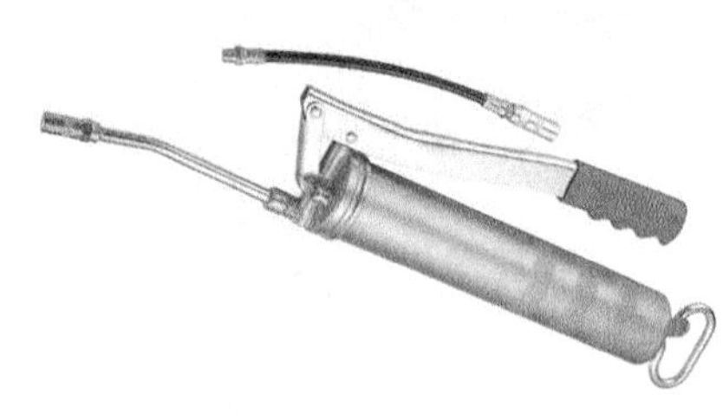 黄油枪用于在各润滑点加注润滑脂，由油嘴、压油阀、柱塞、进油孔、杆头、杠杆、弹簧、活塞杆等组成

项目二　发动机外围附件的拆卸

学习任务

任务一　发动机前端附件的拆卸

任务二　发动机两侧附件的拆卸

建议学时

12 学时

任务一　发动机前端附件的拆卸

任务目标

1. 明确发动机前端附件的位置
2. 拆卸工具的使用

任务准备

一、相关知识准备

新型橡胶皮带以其低噪声、运转平顺、适应能力强等特点被广泛应用在轿车发动机驱动系统中。目前应用在汽车发动机上的传动皮带主要有两种类型：一种是时规皮带——主要应用在正时驱动系统；另一种是附件皮带——主要应用在附件驱动系统。现代汽车由于对环保、舒适等性能的要求越来越高，使得整个发动机结构紧凑，发动机前端附件传动轮系日趋复杂，如图 2－1－1 所示。

图2-1-1 发动机前端附件传动轮系

在汽车发动机不工作之前，由蓄电池给全车供电，在启动之后，由发电机供电并且给蓄电池充电。发电机随发动机一起转动，将燃烧产生的动能转化为电能，随时为汽车电瓶补电，供全车启动机、火花塞、发动机风扇、室内灯、外大灯、雾灯、示宽灯、各种电子传感器、空调风机、压缩机、音响等的一切用电设备工作。

汽车发电机如图2-1-2所示，是一种在汽车运行时为汽车提供能源并向蓄电池充电的装置，是每辆汽车上都不可缺少的一部分，主要由转子、定子、整流器和端盖四部分组成，不仅应用于汽车上，在国防科技、工农业生产等领域也有着极其广泛的应用。

图2-1-2 汽车发电机

汽车发电机根据其电流性质不同可分为直流发电机和交流发电机。随着时代的发展，相较直流发电机，交流发电机的优势越发明显，直流发电机逐步被淘汰，现在在市场上已很难见到直流发电机的身影。而交流发电机逐步发展，现已演变出多种类型，其可根据总体结构的不同分为普通交流发电机、整体式交流发电机、带泵式交流发电机、无刷式交流发电机、永磁式交流发电机等；根据整流器结构的不同分为六管、八管、九管、十一管交流发电机；根据磁场绕组搭铁形式的不同分为内搭铁型交流发电机和外搭铁型交流发电机。

机械液压助力系统的主要组成部分如图 2-1-3 所示，有液压泵、油管、压力流体控制阀、V 型传动皮带、储油罐等。这种助力方式是将一部分发动机动力输出转化成液压泵压力，对转向系统施加辅助作用力，从而使轮胎转向。

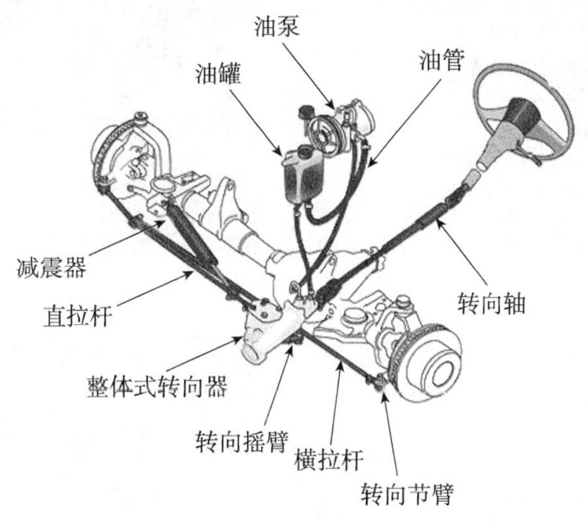

图 2-1-3　机械液压助力系统

二、相关实训准备

桑塔纳 2000AJR 发动机及翻转架、世达工具 150 件、常用工具、工作台等。

任务实施

(1) 传动带的拆卸，如图 2-1-4 所示。

☞操作说明：使用正确工具对张紧器进行拆卸，在皮带上做好标记，并拆下皮带。注意要先安装张紧器锁止销。

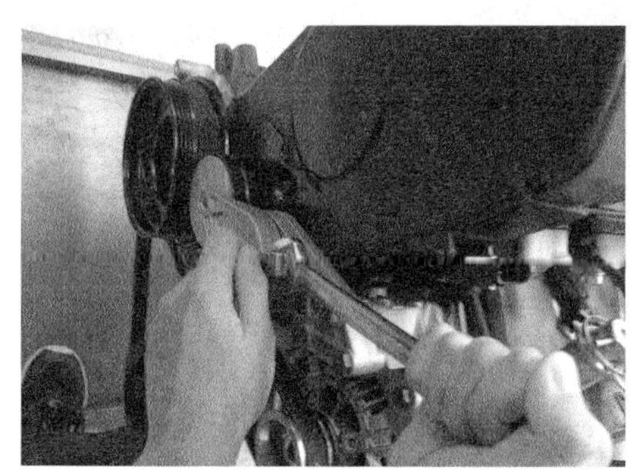

(a) 安装张紧器锁止销

(b) 在皮带上做好标记

图 2-1-4　传动带的拆卸

（c）标记

（d）取下皮带

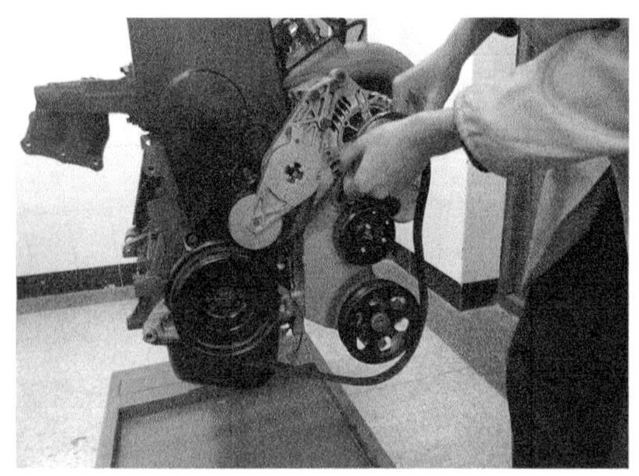

（e_1）使用工具拆下张紧器

（e_2）使用工具拆下张紧器

（f）取下张紧器

图 2－1－4　传动带的拆卸（续）

（2）发电机的拆卸，如图 2－1－5 所示。

☞操作说明：使用合理的工具对发电机进行正确拆卸。

（a_1）使用工具拆下发电机

（a_2）使用工具拆下发电机

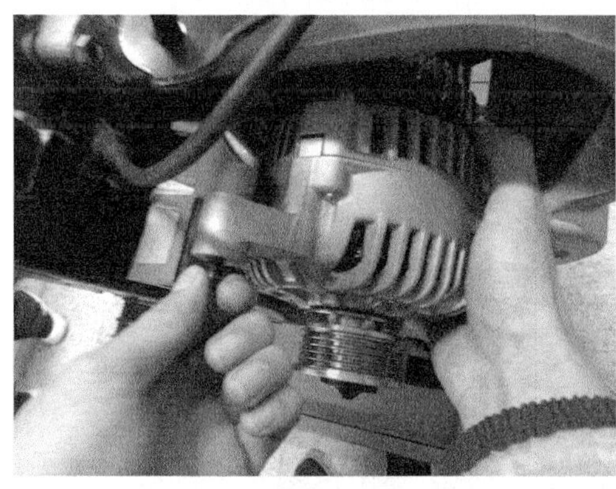

（b）取下发电机螺栓

（c）取下发电机

图 2－1－5　发电机的拆卸

（3）液压转向助力泵的拆卸，如图 2－1－6 所示。

☞操作说明：使用合理的工具对液压转向助力泵进行正确拆卸。

（a_1）使用工具拆下液压转向助力泵螺栓

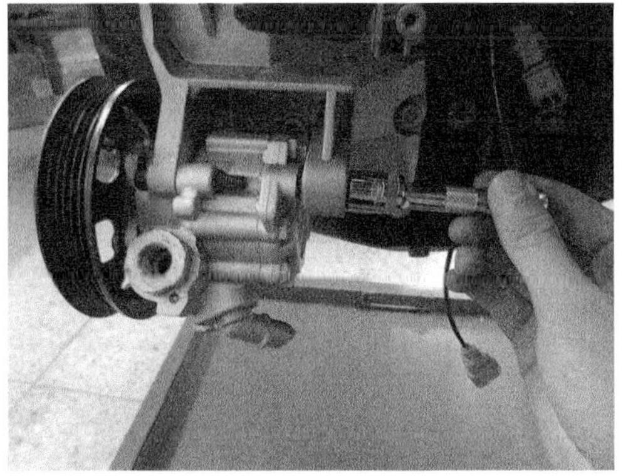

（a_2）使用工具拆下液压转向助力泵螺栓

图 2－1－6　液压转向助力泵的拆卸

（a_3）使用工具拆下液压转向助力泵螺栓

（b）取下液压转向助力泵

图2-1-6 液压转向助力泵的拆卸（续）

（4）发电机支架的拆卸，如图2-1-7所示。

☞操作说明：使用合理的工具对发电机支架进行正确拆卸。

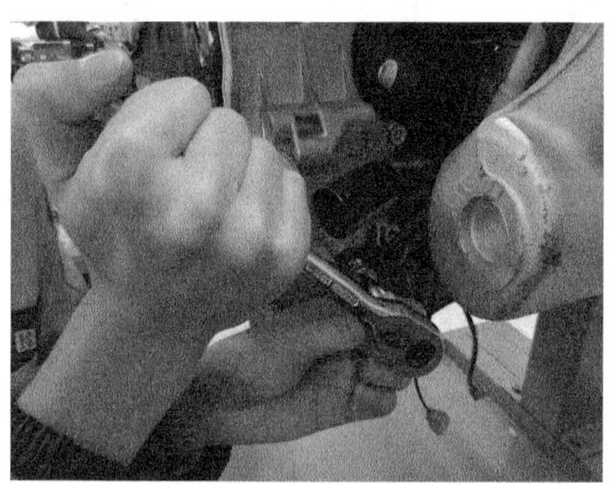

（a_1）使用工具拆下发电机支架螺栓

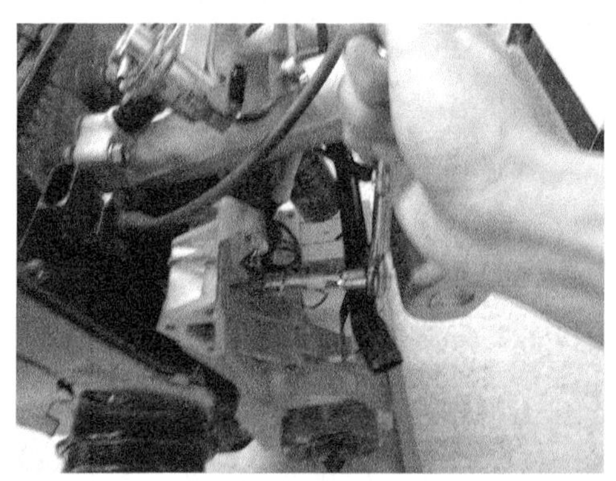

（a_2）使用工具拆下发电机支架螺栓

（b）取下发电机支架螺栓

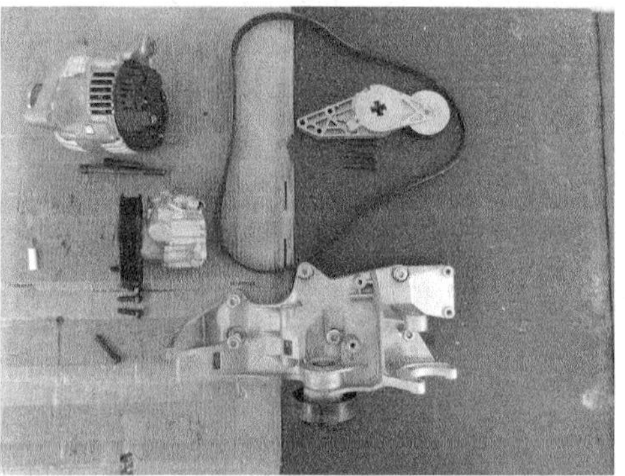

（c）拆下的零件

图2-1-7 发电机支架的拆卸

任务二　发动机两侧附件的拆卸

任务目标

1. 明确发动机两侧附件的位置
2. 拆卸工具的使用

任务准备

一、相关知识准备

空气与燃料混合燃烧并带动发动机做功后，剩余废气需要排出发动机，这时排气系统就会发挥重要作用。常见的汽车排气系统由排气歧管、排气管、排气净化装置和消声器组成，如图 2－2－1、图 2－2－2 所示。

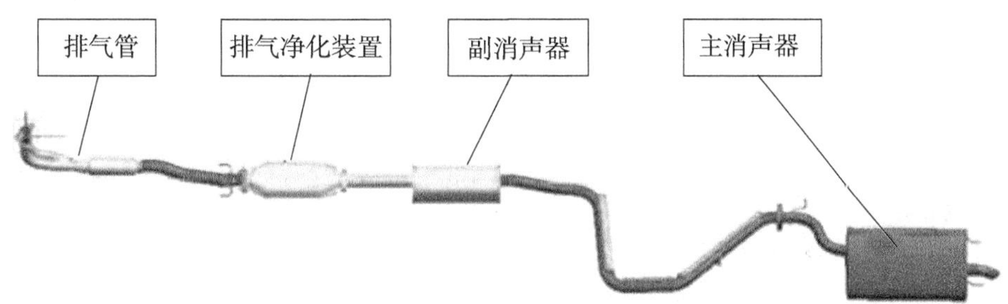

图 2－2－1　汽车排气系统

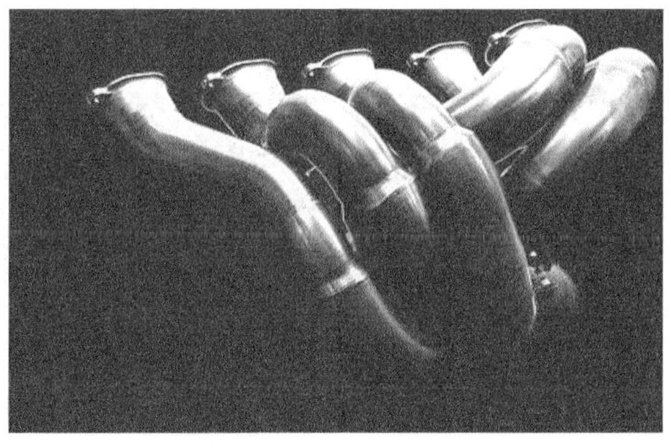

图 2－2－2　排气歧管

说明：排气歧管对于发动机性能的影响十分明显，为了避免排气干涉，基本都采用等长设计。

如今的车辆基本都改用了电子喷射系统，其进气系统演变为三个重要部分，包括空滤、流量传感器和节气门。更为先进的车辆所采用的进气系统则十分复杂，如图2－2－3所示，它们通常会有特殊设计的进气歧管，可以通过电脑控制，自动为每个汽缸供应合适的空气和燃料混合气。

发动机进气系统最为直观的部分就是暴露在外的进气管道，这些管道在发动机舱内的布置看似杂乱无章，实际上每一处拐角都经过了精密计算。为了让空气以最佳的脉冲形式进入燃烧室，发动机进气管需要控制长度，并且在设计中通过特殊手段抑制进气谐振等，以免出现影响发动机性能的不良现象。一些豪华车的制造商为了降低进气噪声，还会给发动机进气管增加降噪设备。

图2－2－3　汽车进气系统

二、相关实训准备

桑塔纳2000AJR发动机及翻转架、世达工具150件、常用工具、工作台等。

任务实施

（1）排气歧管的拆卸，如图2－2－4所示。

☞操作说明：使用合理的工具对排气歧管进行正确拆卸。螺栓拆卸是由两边向中间的顺序进行拧松。

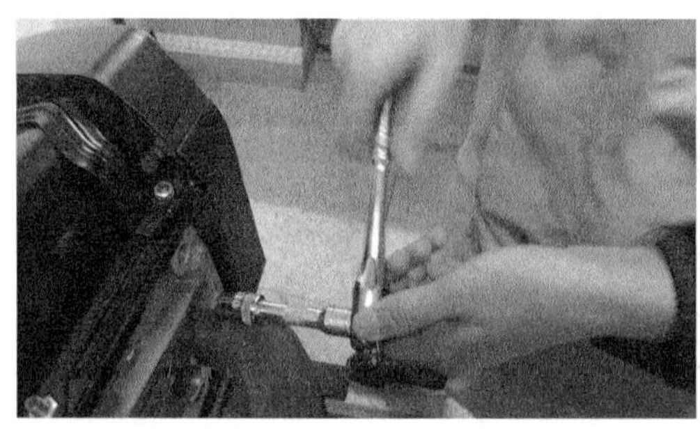

（a_1）使用工具拆下排气歧管螺栓

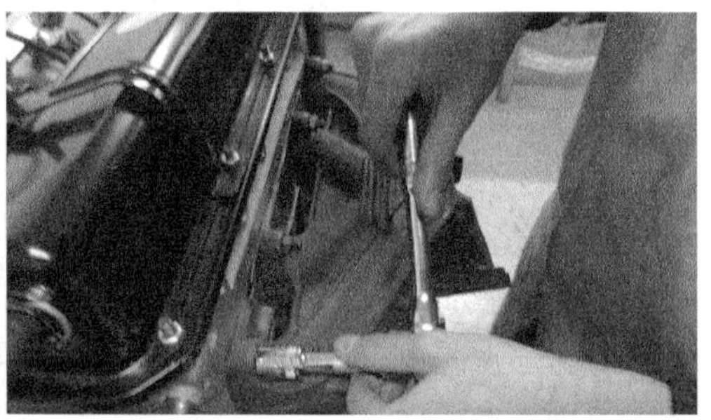

（a_2）使用工具拆下排气歧管螺栓

图2－2－4　排气歧管的拆卸

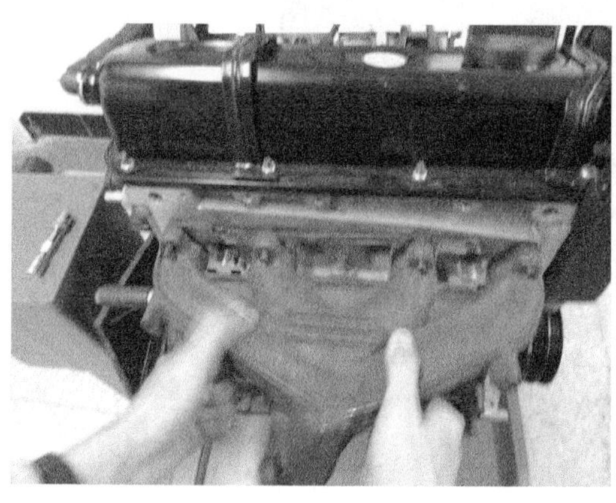

（b）取下排气歧管

（c）取下排气歧管垫

图 2－2－4　排气歧管的拆卸（续）

（2）机油尺的拆卸，如图 2－2－5 所示。

☞操作说明：用手拆卸机油尺，轻拿轻放。注意：导管不能用工具夹。

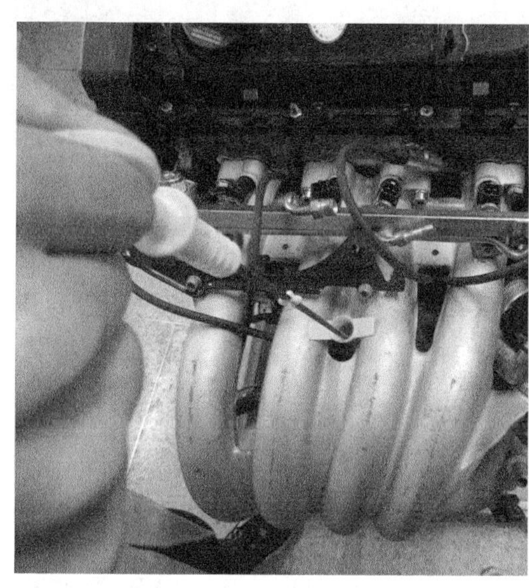

（a）取下机油尺

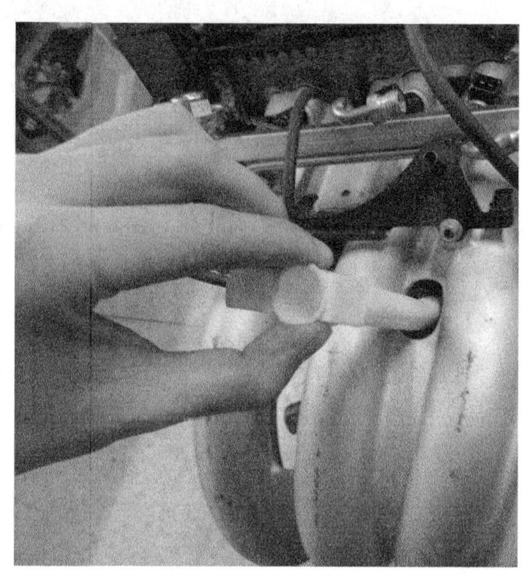

（b）取下机油尺导管

图 2－2－5　机油尺的拆卸

（3）高压线的拆卸，如图 2－2－6 所示。

☞操作说明：用手或专用工具取下每个汽缸的高压线，注意不能用力太大。

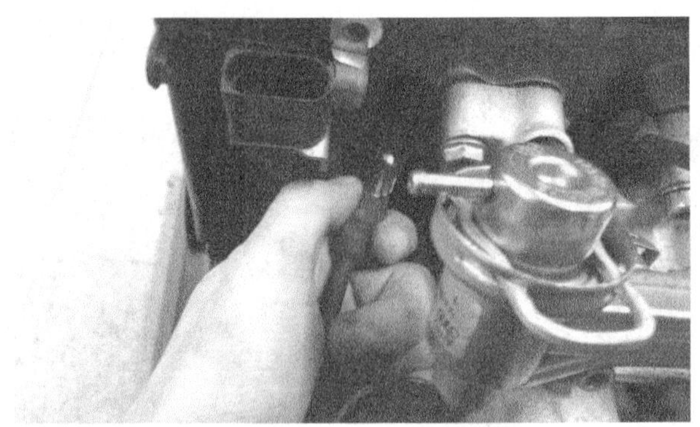

图 2-2-6　高压线的拆卸

（4）进气软管的拆卸，如图 2-2-7 所示。

☞操作说明：使用合理的工具对进气软管进行正确拆卸。

（a）

（b）

图 2-2-7　进气软管的拆卸

（5）节气门体的拆卸，如图 2-2-8 所示。

☞操作说明：使用合理的工具对节气门体进行正确拆卸。

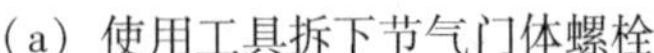

（a）使用工具拆下节气门体螺栓

（b）取下节气门体螺栓

图 2-2-8　节气门体的拆卸

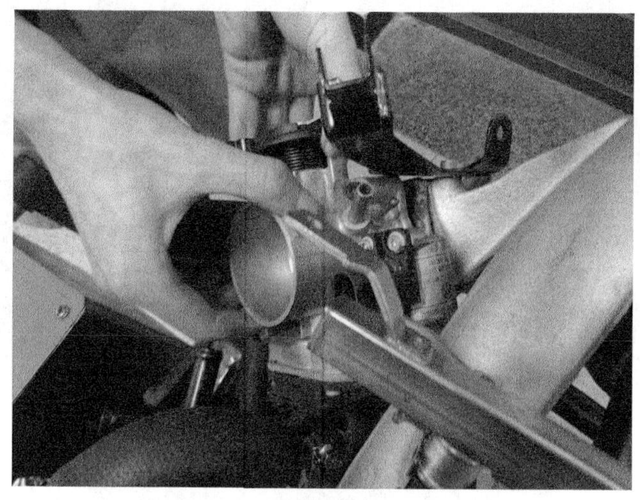

（c）取下节气门体

图 2－2－8　节气门体的拆卸（续）

（6）燃油总管的拆卸，如图 2－2－9 所示。

☞操作说明：使用合理的工具对燃油总管进行正确拆卸。

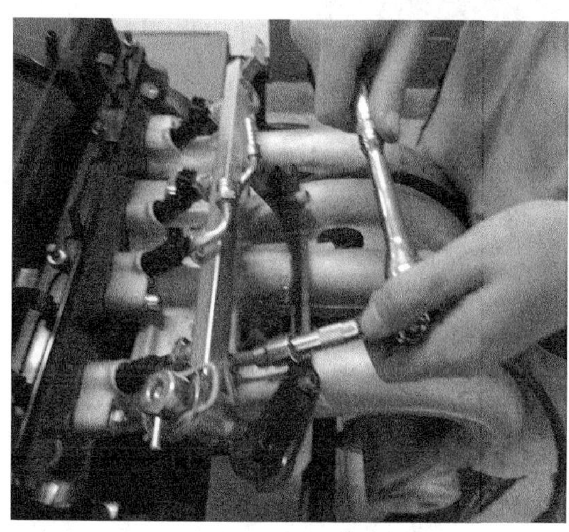

（a）使用工具拆下燃油总管螺栓

（b）取下燃油总管

图 2－2－9　燃油总管的拆卸

（7）进气歧管的拆卸，如图 2－2－10 所示。

☞操作说明：使用合理的工具对进气歧管进行正确拆卸。注意内六角螺栓的使用。

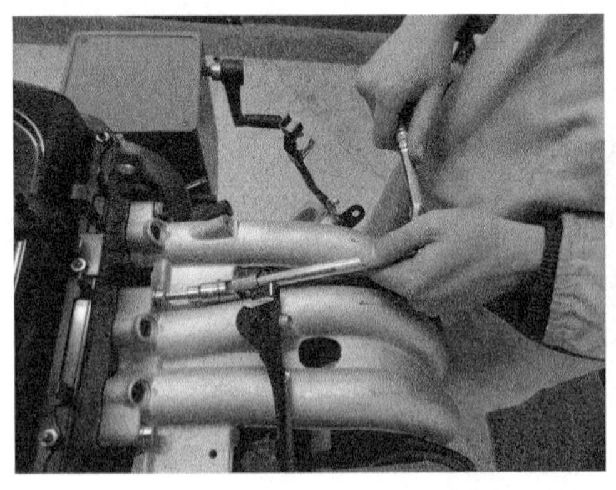

（a）使用工具拆下进气歧管螺栓

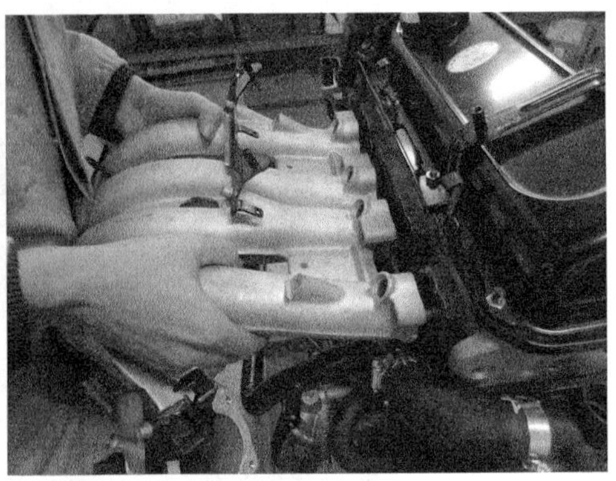

（b）取下进气歧管

（c）取下进气歧管垫

图 2-2-10　进气歧管的拆卸

（8）水管的拆卸，如图 2-2-11 所示。

☞操作说明：使用合理的工具对水管进行正确拆卸。

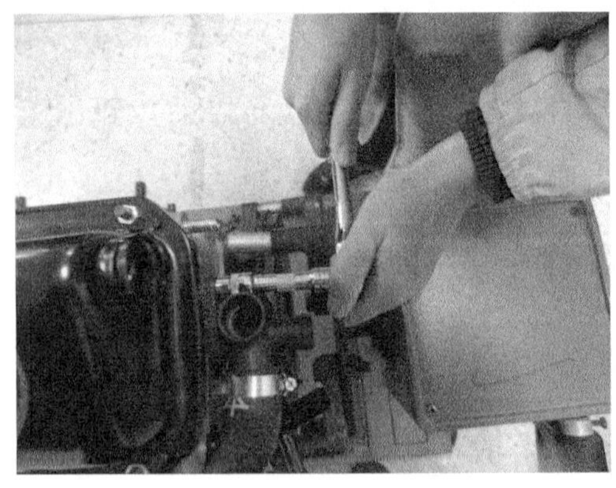

（a_1）使用工具拆下水管螺栓

（a_2）使用工具拆下水管螺栓

图 2-2-11　水管的拆卸

（b）取下水管螺栓

（c）使用工具拆下节温器螺栓

（d）取下节温器

图 2－2－11　水管的拆卸（续）

（9）机油滤清器及机油滤清器座的拆卸，如图 2－2－12 所示。

☞操作说明：使用合理的工具对机油滤清器进行正确拆卸。注意专用工具的使用。

（a）使用专用工具机油滤清器

（b）用手拆下机油滤清器

图 2－2－12　机油滤清器及机油滤清器座的拆卸

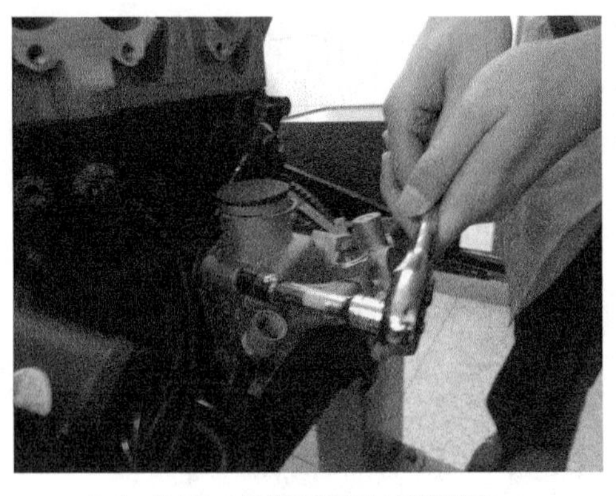

（c）使用工具拆下机油滤清器座

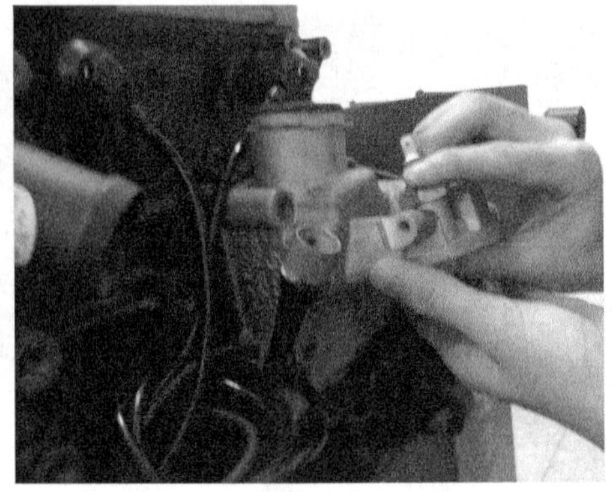

（d）取下机油滤清器座

图2-2-12　机油滤清器及机油滤清器座的拆卸（续）

（10）传感器的拆卸，如图2-2-13所示。

☞操作说明：使用合理的工具对传感器进行正确拆卸。

（a）使用工具拆下传感器螺栓

（b）取下传感器

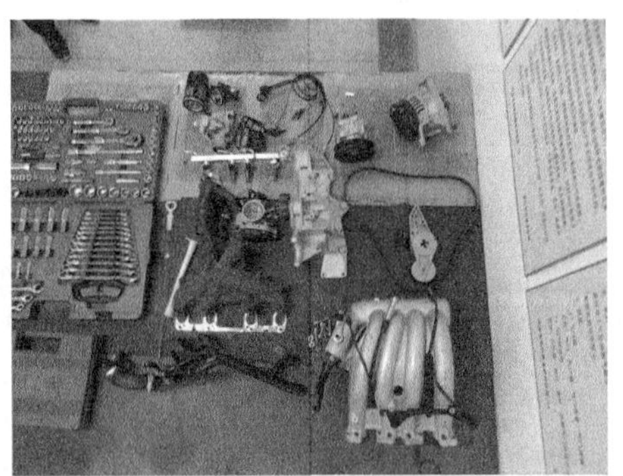

（c）拆下的零件

图2-2-13　传感器的拆卸

项目三　发动机配气机构及汽缸盖的拆卸

学习任务

任务一　正时皮带的拆卸

任务二　汽缸盖的拆卸

任务三　凸轮轴及气门组的拆卸

建议学时

12 学时

任务一　正时皮带的拆卸

任务目标

1. 明确发动机正时皮带拆卸的基本流程
2. 拆卸工具的使用

任务准备

一、相关知识准备

正时皮带（Timing Belt）如图 3－1－1 所示，是发动机配气系统的重要组成部分，通过与曲轴的连接并配合一定的传动比来保证进、排气时间的准确。使用皮带而不是齿轮来传动是因为皮带噪声小，传动精确，自身变化量小而且易于补偿。显而易见，皮带的寿命肯定要比金属齿轮短，因此要定期更换皮带。

正时皮带的作用就是当发动机运转时，活塞的行程（上下的运动）、气门的开启与关闭（时间）以及点火（时间），在“正时”的连接作用下，要时刻保持“同步”运转。

正时，就是通过发动机的正时机构，让每个汽缸正好做到：活塞向上正好到上止点时，气门正好关闭、火花塞正好点火。

正时皮带属于耗损品，而且正时皮带一旦断裂，凸轮轴就不会照着正时运转，此时极有可能导致气门与活塞撞击而造成严重毁损，所以正时皮带一定要依据原厂指定的里程或时间更换。

汽车发动机工作过程中，在汽缸内不断发生进气、压缩、爆炸、排气四个过程，并且，每个步骤的时机都要与活塞的运动状态和位置相配合，使进气与排气及活塞升降相互协调，正时皮带在发动机里面扮演了一个“桥梁”的角色，在曲轴的带动下将力量传递给相应机件。有许多高档车为保证正时系统工作稳定，采用金属链条来替代皮带。由于车辆正时齿形皮带断裂后会造成发动机内部气门损坏，危害较大，故一般厂家都对正时皮带规定有更换周期。

正时皮带属于橡胶部件，随着发动机工作时间的增加，正时皮带和正时皮带的附件，如正时皮带张紧轮、正时皮带张紧器和水泵等，都会发生磨损或老化。因此，凡是装有正时皮带的发动机，厂家都会有严格要求，在规定的周期内定期更换正时皮带及附件，更换周期则随着发动机结构的不同而有所不同，一般在车辆行驶到6万~10万公里时应该更换，具体的更换周期应该以车辆的保养手册说明为准。

正时皮带一般是在8万公里时考虑更换。就算车上备有正时皮带，一旦发生断裂，车主也无法自行更换。因此，当总行驶路程到达8万公里时，建议到专业维修处进行更换。

图3-1-1　正时皮带

二、相关实训准备

桑塔纳2000AJR发动机及翻转架、世达工具150件、常用工具、工作台等。

任务实施

正时皮带的拆卸，如图3-1-2所示。

☞操作说明：使用合理工具，按照一定顺序对发动机正时皮带进行拆卸，注意相应的标记。

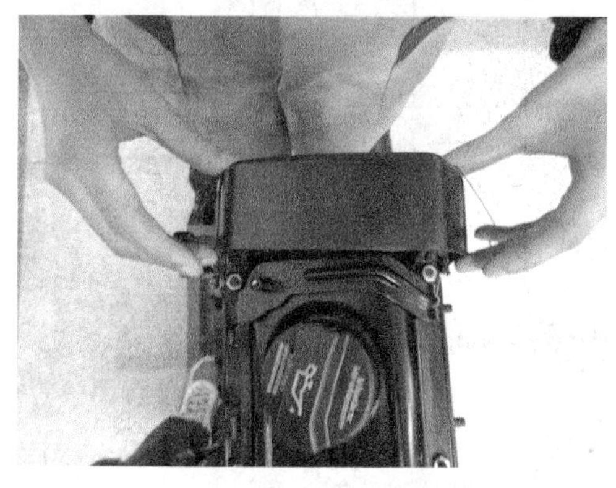

（a）松开卡扣，取下正时皮带上防护罩

（b）检查曲轴皮带盘上缺口记号与下防护罩上缺口记号是否对正

（c）检查凸轮轴正时齿轮缺口记号与半圆罩上箭头记号应分别对准

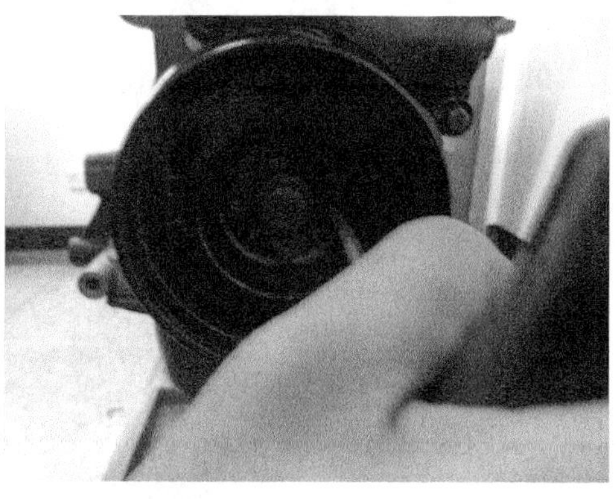

（d）拆卸曲轴皮带盘，对角分次预松紧固螺栓

（e）取下曲轴皮带盘

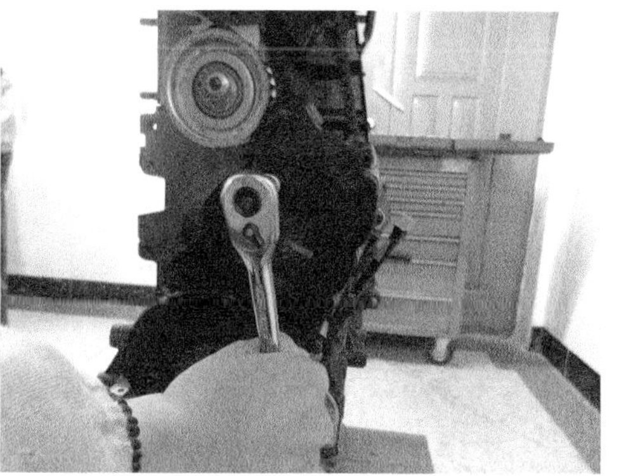

（f）拆卸正时皮带中间防护罩

图 3-1-2　正时皮带的拆卸

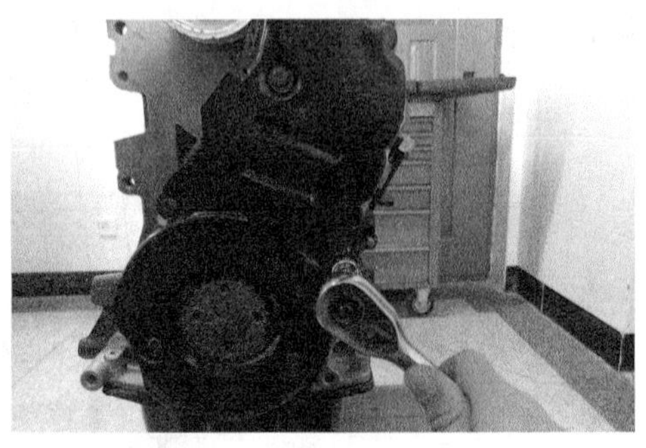

（g）拆卸正时皮带中间防护罩，预松螺栓

（h）拆卸正时皮带下防护罩，预松螺栓

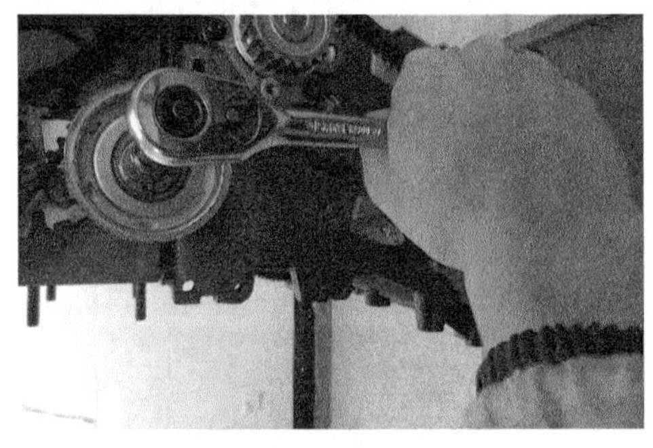

（i）松开张紧器螺母

（j）取下正时皮带

（k）取下张紧器

图3－1－2　正时皮带的拆卸（续）

任务二　汽缸盖的拆卸

任务目标

1. 明确发动机汽缸盖拆卸的步骤与流程
2. 拆卸工具的使用

任务准备

一、相关知识准备

汽缸盖如图3－2－1所示，安装在缸体的上面，从上部密封汽缸并构成燃烧室。它经常与高温高压燃气相接触，因此承受很大的热负荷和机械负荷。水冷发动机的汽缸盖内部制有冷却水套，汽缸盖下端面的冷却水孔与缸体的冷却水孔相通，利用循环水来冷却燃烧室等高温部分。

汽缸盖上还装有进、排气门座和气门导管孔，用于安装进、排气门，还有进气通道和排气通道等。汽油机的汽缸盖上有专门安装火花塞的孔，而柴油机的汽缸盖上有安装喷油器的孔，顶置凸轮轴式发动机的汽缸盖上还有凸轮轴轴承孔，用以安装凸轮轴。

汽缸盖一般由灰铸铁或合金铸铁铸成，而铝合金的导热性好，有利于提高压缩比，所以近年来铝合金汽缸盖用得越来越多。

汽缸盖是燃烧室的组成部分，燃烧室的形状对发动机的工作影响很大，由于汽油机和柴油机的燃烧方式不同，其汽缸盖上组成燃烧室的部分差别较大。汽油机的燃烧室主要在汽缸盖上，而柴油机的燃烧室主要在活塞顶部的凹坑。

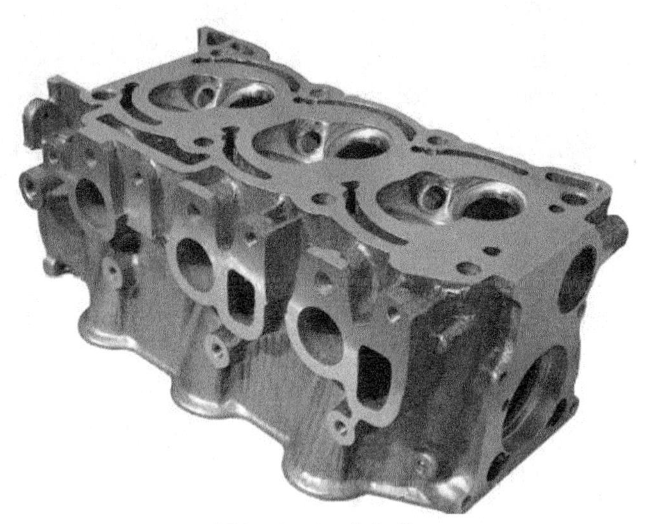

图3－2－1　汽缸盖

二、相关实训准备

桑塔纳2000AJR发动机及翻转架、世达工具150件、常用工具、工作台等。

任务实施

（1）气门室罩的拆卸，如图3-2-2所示。

☞操作说明：使用合理工具，按照一定顺序对发动机气门室罩进行拆卸，注意相应的标记。

（a）对角分次拧松气门室罩盖紧固螺栓

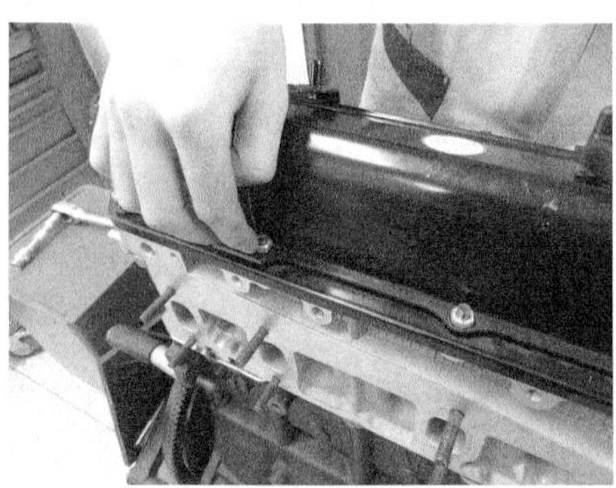
（b）用手拧下气门室罩盖紧固螺栓

（c）取下支架

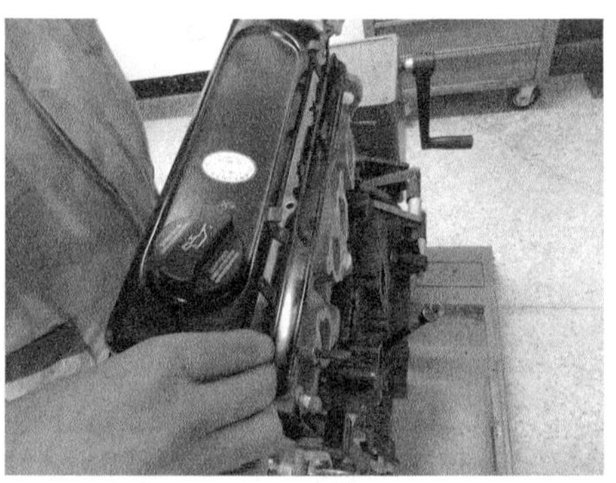
（d）取下气门室罩盖压条

（e）取下气门室罩盖

（f）取下挡油板

图3-2-2　气门室罩的拆卸

（g）取下密封垫

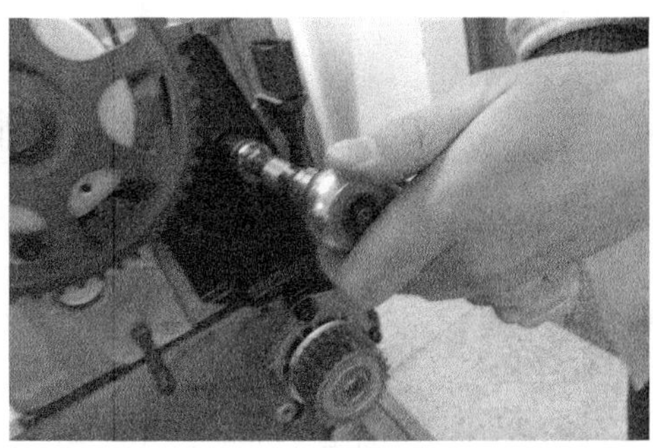

（h）拆下内挡板

图3－2－2　气门室罩的拆卸（续）

（2）汽缸盖的拆卸，如图3－2－3所示。

☞操作说明：使用合理工具，按照一定顺序对发动机汽缸盖进行拆卸，注意相应的标记。

（a）使用指针式扭力扳手对角分两次预松汽缸盖螺栓，第一次拧松、第二次拧松后，彻底拧松汽缸盖的螺栓

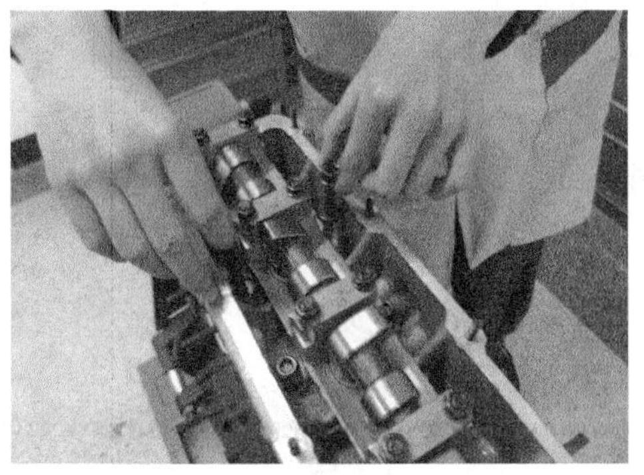

（b）分侧取出汽缸盖螺栓，并按顺序摆放汽缸盖螺栓

（c）取下汽缸盖，安全摆放

（d）取下汽缸垫并摆放整齐

图3－2－3　汽缸盖的拆卸

任务三　凸轮轴及气门组的拆卸

任务目标

1. 明确发动机前端附件的位置
2. 拆卸工具的使用

任务准备

一、相关知识准备

凸轮轴，如图 3 -3 -1 所示，是气门传动组中的主要部件，其作用是控制气门的开闭及其升程的变化规律。

凸轮轴一般用优质钢模锻而成，并对凸轮和轴颈工作表面进行高频感应加热淬火（中碳钢）或渗碳淬火（低碳钢）处理。

图 3 -3 -1　凸轮轴

挺柱的作用是将凸轮轴旋转时产生的推动力传给推杆或气门，挺柱一般是用耐磨性好的合金钢或合金铸铁等材料制造的。

摇臂组件主要有摇臂、摇臂轴、支撑座、气门间隙调整螺钉等零件。摇臂是一个以中间轴孔为支点的双臂杠杆，短臂一侧装有气门间隙调整螺钉，长臂一端有一圆弧工作面用来推动气门。

气门组的基本组成如图 3 -3 -2 所示。气门组件包括气门、气门导管、气门座及气门弹簧等零件，气门组件的作用是保证实现对汽缸的可靠性密封，为此要求气门头部与气门座贴合严密，气门导管对气门杆的往复运动导向良好，气门弹簧两端与气门杆中心线相互垂直，气门弹簧的弹力保证气门关闭时紧压在气门座上。

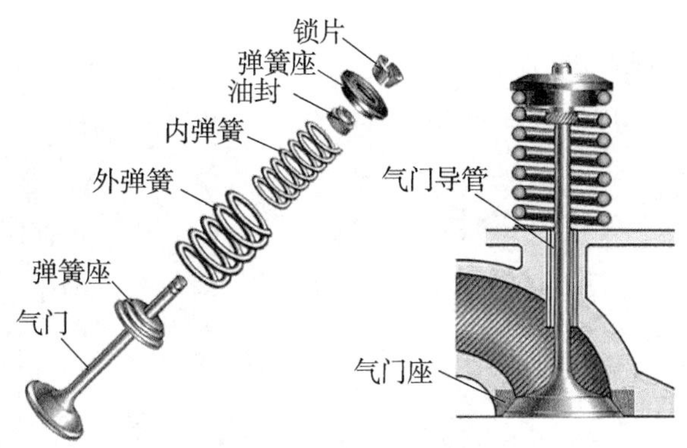

图 3－3－2　气门组的基本组成

气门间隙的大小一般由发动机制造厂家根据实验确定。一般冷态下，进气门间隙为 0. 25～0. 30mm，排气门间隙为 0. 30～0. 35mm。间隙过小，发动机在热态下可能会发生漏气现象，导致功率下降，甚至烧坏气门；间隙过大，传动零件之间以及气门与气门座之间将产生撞击，造成整个配气机构运转不平稳，噪声增大，且会使气门开起持续时间减少，进气和排气不充分。采用液压挺柱的发动机，靠液压挺柱轴向自动调整功能改变挺柱长度，随时补偿气门热膨胀量，故不需要预留气门间隙。

二、相关实训准备

桑塔纳 2000AJR 发动机及翻转架、世达工具 150 件、常用工具、工作台等。

任务实施

（1）凸轮轴的拆卸，如图 3－3－3 所示。

☞操作说明：使用合理工具，按照一定顺序对发动机凸轮轴进行拆卸，注意相应的标记。

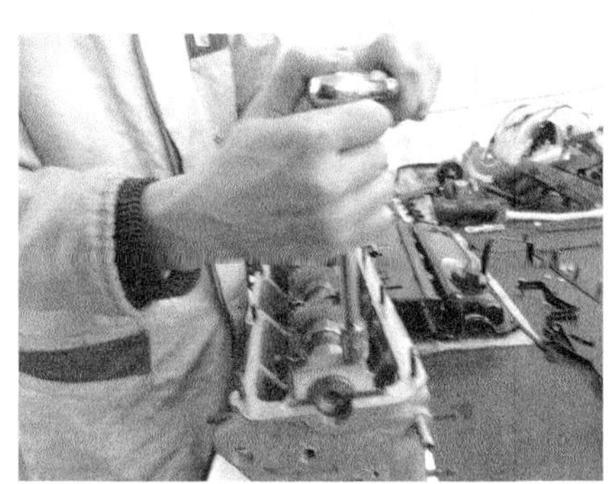

（a）对角分次拧松凸轮轴轴承盖螺栓

（b）用手拧下凸轮轴轴承盖螺栓

图 3－3－3　凸轮轴的拆卸

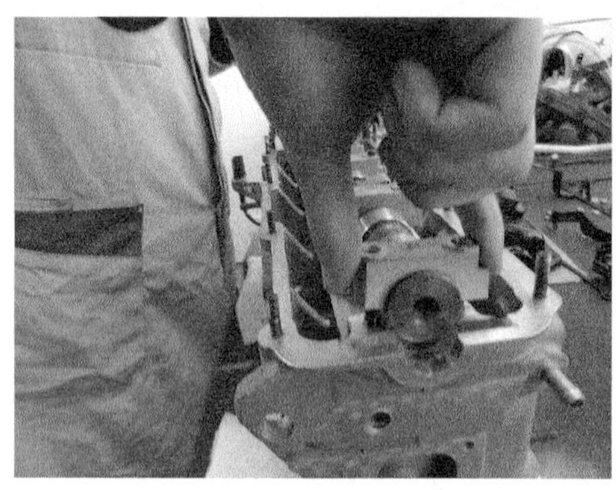

（c）取下凸轮轴轴承盖螺栓

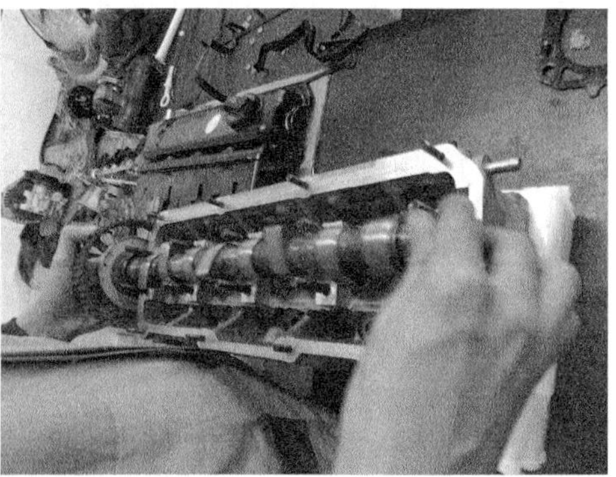

（d）取下凸轮轴

（e）清洁液压顶柱

（f）在液压顶柱上做好标记

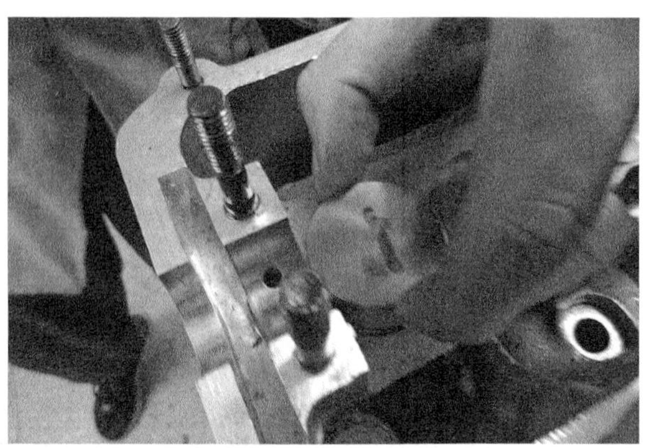

（g）取下液压顶柱

图3－3－3　凸轮轴的拆卸（续）

（2）气门组的拆卸，如图3－3－4所示。

☞操作说明：使用合理工具，按照一定顺序对发动机气门组进行拆卸，注意相应的标记。

（a）安装气门拆装钳

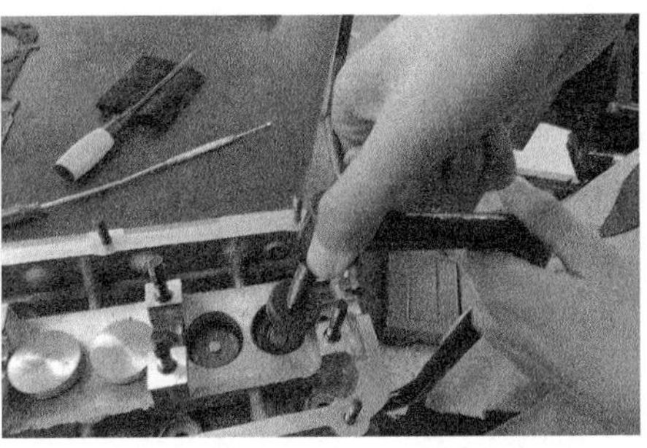
（b）取下气门锁片

（c）取出气门弹簧座

（d）取出气门弹簧

（e）取出气门

图3－3－4　气门组的拆卸

（3）配气机构及汽缸盖的拆卸，如下表所示。

AJR发动机拆装项目作业表——配气机构及汽缸盖的拆卸

松开卡扣，取下正时皮带上防护罩		
检查记号	1	检查曲轴皮带盘上缺口记号与下防护罩上缺口记号是否对正
	2	检查凸轮轴正时齿轮缺口记号与半圆罩上箭头记号是否分别对准
拆卸皮带盘	1	预松曲轴皮带盘紧固螺栓 要点：应对角线预松
	2	拆卸曲轴皮带盘紧固螺栓
	3	取下曲轴皮带盘

续 表

<table>
<tr><td rowspan="3">拆卸中间防护罩</td><td>1</td><td>预松正时皮带中间防护罩螺栓</td></tr>
<tr><td>2</td><td>拆卸正时皮带中间防护罩螺栓</td></tr>
<tr><td>3</td><td>取下正时皮带中间防护罩</td></tr>
<tr><td rowspan="3">拆卸下防护罩</td><td>1</td><td>预松正时皮带下防护罩螺栓</td></tr>
<tr><td>2</td><td>拆卸正时皮带下防护罩螺栓</td></tr>
<tr><td>3</td><td>取下正时皮带下防护罩</td></tr>
<tr><td colspan="3">检查皮带旋转记号
要点：如无，应做上记号</td></tr>
<tr><td rowspan="3">拆卸张紧器</td><td>1</td><td>松开张紧器螺母</td></tr>
<tr><td>2</td><td>取下正时皮带
要点：从水泵处取下</td></tr>
<tr><td>3</td><td>取下张紧器</td></tr>
<tr><td rowspan="3">拆卸后防护罩</td><td>1</td><td>预松正时皮带后防护罩螺栓</td></tr>
<tr><td>2</td><td>拆卸正时皮带后防护罩螺栓</td></tr>
<tr><td>3</td><td>取下正时皮带后防护罩</td></tr>
<tr><td rowspan="3">拆卸水泵</td><td>1</td><td>预松水泵紧固螺栓</td></tr>
<tr><td>2</td><td>拆卸水泵紧固螺栓</td></tr>
<tr><td>3</td><td>取下水泵</td></tr>
<tr><td rowspan="6">拆卸气门室罩盖</td><td>1</td><td>预松气门室罩盖紧固螺母
要点：应按由两边到中间的顺序</td></tr>
<tr><td>2</td><td>拆卸气门室罩盖紧固螺母</td></tr>
<tr><td>3</td><td>取下半圆罩</td></tr>
<tr><td>4</td><td>取下发动机盖板支架</td></tr>
<tr><td>5</td><td>取下压条</td></tr>
<tr><td>6</td><td>取下气门室罩盖</td></tr>
<tr><td colspan="3">取下机油反射罩</td></tr>
<tr><td colspan="3">取下密封衬垫</td></tr>
<tr><td rowspan="8">拆卸凸轮轴</td><td>1</td><td>检查凸轮轴轴承盖道数标记
要点：如无，应做上标记</td></tr>
<tr><td>2</td><td>预松 1、5、3 道轴承盖紧固螺母
要点：按顺序逐道预松</td></tr>
<tr><td>3</td><td>拆下 1、5、3 道轴承盖紧固螺母</td></tr>
<tr><td>4</td><td>取下 1、5、3 道轴承盖，按顺序摆放</td></tr>
<tr><td>5</td><td>预松 2、4 道轴承盖紧固螺母
要点：应对角多次预松</td></tr>
<tr><td>6</td><td>拆卸 2、4 道轴承盖紧固螺母</td></tr>
<tr><td>7</td><td>取下 2、4 道轴承盖，按顺序摆放</td></tr>
<tr><td>8</td><td>取下凸轮轴，按要求摆放</td></tr>
</table>

续　表

<table>
<tr><td colspan="3">用手取出液压挺杆。注：必要时可借助吸磁棒
要点：液压挺杆应按顺序摆放，不得混淆</td></tr>
<tr><td rowspan="5">拆卸汽缸盖</td><td>1</td><td>预松汽缸盖螺栓
要点：顺序为：[1 7 9 6 4 / 3 5 10 8 2]（图中数字为先后顺序）</td></tr>
<tr><td>2</td><td>松开汽缸盖螺栓</td></tr>
<tr><td>3</td><td>分侧取出汽缸盖螺栓
要点：缸盖螺栓应按顺序摆放，不得混淆</td></tr>
<tr><td>4</td><td>取下汽缸盖
要点：放置方式合适，不得损坏汽缸盖下平面</td></tr>
<tr><td>5</td><td>取下汽缸垫</td></tr>
<tr><td rowspan="13">拆卸气门组</td><td>1</td><td>确认所需拆卸气门组</td></tr>
<tr><td>2</td><td>组装气门拆装专用工具</td></tr>
<tr><td>3</td><td>压缩第一只气门弹簧</td></tr>
<tr><td>4</td><td>取下第一只气门锁片</td></tr>
<tr><td>5</td><td>松开气门拆装专用工具，取下第一只气门弹簧座</td></tr>
<tr><td>6</td><td>取下第一只气门弹簧</td></tr>
<tr><td>7</td><td>取下第一只进/排气门
要点：把气门和弹簧、座、锁片按进排气门的顺序放置在一起</td></tr>
<tr><td>8</td><td>压缩第二只气门弹簧</td></tr>
<tr><td>9</td><td>取下第二只气门锁片</td></tr>
<tr><td>10</td><td>松开气门拆装专用工具，取下第二只气门弹簧座</td></tr>
<tr><td>11</td><td>取下第二只气门弹簧</td></tr>
<tr><td>12</td><td>取下第二只进/排气门
要点：把气门和弹簧、座、锁片按进排气门的顺序放置在一起</td></tr>
<tr><td>13</td><td>还原气门拆装专用工具</td></tr>
<tr><td colspan="3">清洁工作区</td></tr>
<tr><td colspan="3">整理工具</td></tr>
</table>

注：本发动机的霍尔传感器及空调压缩机已预先拆除。

项目四　发动机曲柄连杆机构的拆卸

学习任务

任务一　油底壳及机油泵的拆卸
任务二　活塞连杆组的拆卸
任务三　曲轴飞轮组的拆卸

建议学时

12 学时

任务一　油底壳及机油泵的拆卸

任务目标

1. 明确发动机油底壳及机油泵拆卸的步骤与流程
2. 拆卸工具的使用

任务准备

一、相关知识准备

发动机工作时，摩擦表面（如曲轴轴颈与轴承、凸轮轴轴颈与轴承、活塞环与汽缸壁、正时齿轮副等）之间以很高的速度做相对运动，金属表面之间的摩擦不仅会增大发动机内部的功率消耗，使零部件工作表面迅速磨损；摩擦所产生的热量还可能使某些工作零件表面熔化，导致发动机无法正常运转。因此，为保证发动机的正常工作，必须对发动机内相对运动部件表面进行润滑，如图 4－1－1 所示，也就是在摩擦表面覆盖一层润滑剂（机油或油脂），使金属表面之间隔着一层薄的油膜，以减小摩擦阻力、降低功率损耗、减轻磨损，延长发动机使用寿命。

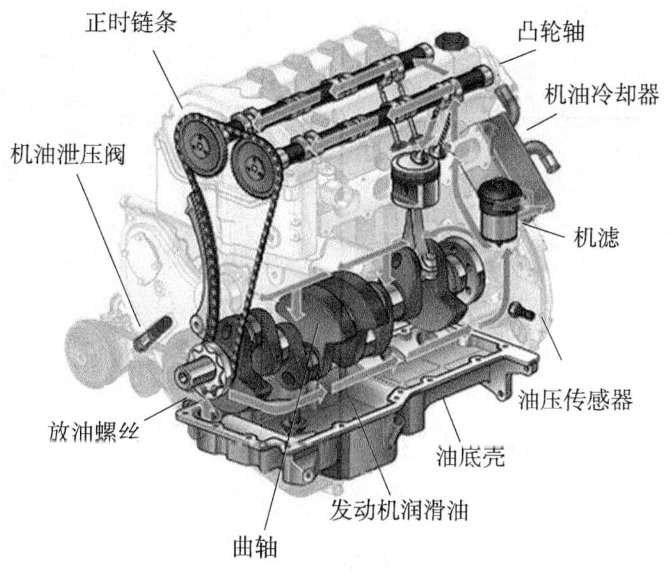

图 4－1－1　发动机

润滑系统的基本任务就是将清洁的、具有一定压力的、温度适宜的机油不断供给运动零件的摩擦表面，使发动机能够正常工作。为此，压力润滑系统中必须具有为进行压力润滑和保证机油循环而建立的足够油压的机油泵、储存机油的容器（一般利用油底壳贮油）、由润滑油管以及在发动机机体上加工出来的一系列润滑油道组成的循环油路。油路中还必须有限制最高油压的装置——限压阀，它可以附于机油泵中，也可以单独设置。

二、相关实训准备

桑塔纳 2000AJR 发动机及翻转架、世达工具 150 件、常用工具、工作台等。

任务实施

（1）油底壳的拆卸，如图 4－1－2 所示。

☞操作说明：使用合理工具，按照一定顺序对发动机油底壳进行拆卸，注意相应的标记。

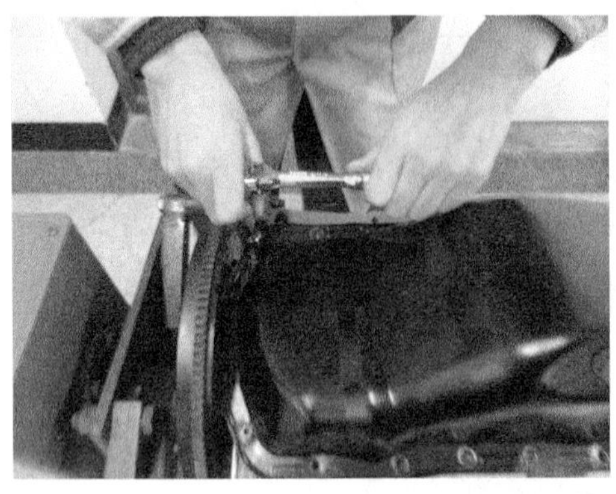

（a）预松油底壳螺栓，螺栓由两边到中间对角拧松

（b）取下油底壳

（c）取下密封垫

图4－1－2　油底壳的拆卸

（2）机油泵的拆卸，如图4－1－3所示。

☞操作说明：使用合理工具，按照一定顺序对发动机机油泵进行拆卸，注意相应的标记。

（a）拧下挡油板紧固螺栓

（b）取下挡油板

图4－1－3　机油泵的拆卸

（c）拧松曲轴正时齿轮紧固螺栓

（d）松下曲轴正时齿轮紧固螺栓

（e_1）取下曲轴正时齿轮

（e_2）取下曲轴正时齿轮

（f）预松曲轴前端法兰紧固螺栓，螺栓两边到中间拧松

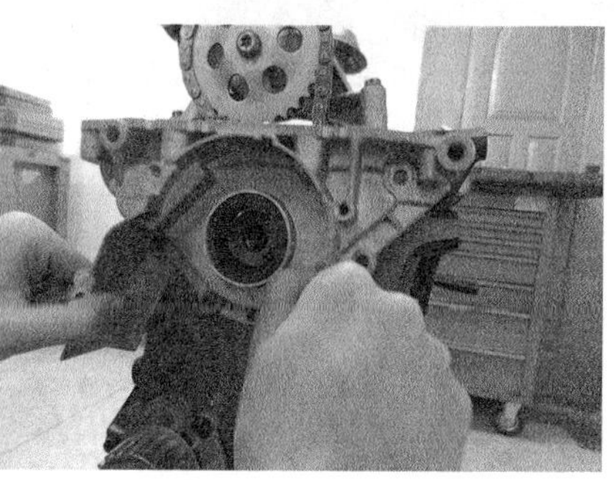

（g）取下曲轴前端法兰

（h）拆卸机油泵链条张紧器

（i）取下机油泵链条张紧器

图4－1－3　机油泵的拆卸（续）

(j) 拆卸机油泵链轮固定螺栓

(k) 取下机油泵链轮

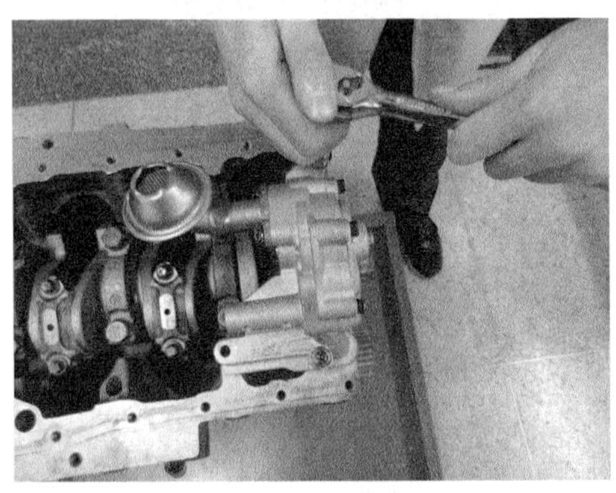

(l) 预松机油泵固定螺栓

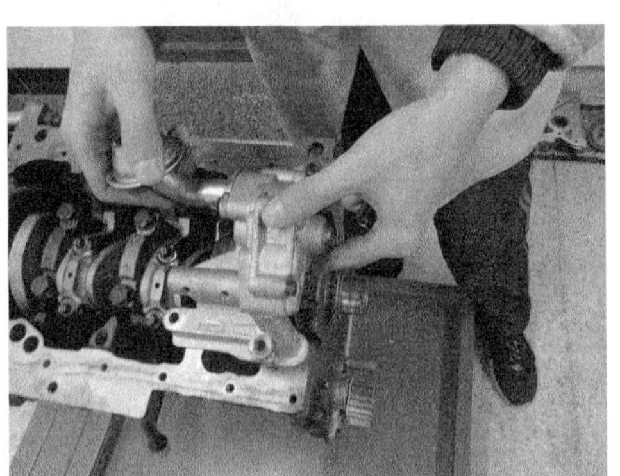

(m) 拆下机油泵

图4－1－3 机油泵的拆卸（续）

任务二 活塞连杆组的拆卸

任务目标

1. 明确发动机活塞连杆组拆卸的步骤与流程
2. 拆卸工具的使用

任务准备

一、相关知识准备

活塞连杆组将活塞的往复运动变为曲轴的旋转运动，同时将作用于活塞上的力转变为曲轴对外输出的转矩，从而驱动汽车车轮转动。它是发动机的传动件，它把燃烧气体的压力传给曲轴，使曲轴旋转并输出动力。活塞连杆组主要由活塞、活塞环、活塞销、连杆及连杆轴瓦等组成，如图 4－2－1 所示。

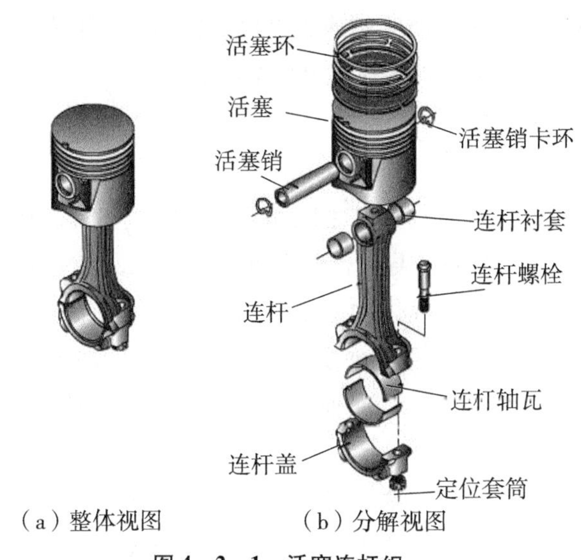

（a）整体视图　　（b）分解视图

图 4－2－1　活塞连杆组

1. 活塞的作用

活塞的主要作用是承受汽缸的气体压力，并将此力通过活塞销传给连杆，以推动曲轴旋转，也就是说，它把燃烧气体的压力传给曲轴，使曲轴旋转并输出动力。活塞的顶部还与汽缸盖、汽缸壁共同组成了燃烧室。

2. 活塞的组成

活塞主要由活塞顶部、活塞头部和活塞裙部组成。活塞顶部的形状与选用燃烧室有关，如汽油机活塞的头部一般采用平顶，其优点是吸热面积小，制造工艺简单。有些为了改变混合汽形成而采用凹顶，凹坑的大小还可以调节发动机压缩比。

活塞头部是活塞环槽以上部分，其作用有三：一是承受气体压力，并传给连杆；二是与活塞一起实现汽缸密封；三是将活塞顶所吸收的热量通过活塞环传给汽缸壁。活塞头部切有若干道环槽，用以安装活塞环，汽油机一般有 2～3 道环槽，上面 1～2 道用于气环，下面一道用于安装油环。油环槽底面上钻有许多径向小孔，使被油环刮下来的多余的机油经过小孔流回油底壳。

活塞裙部是指自油环槽下端面起至活塞底面的部分，其作用是为活塞在汽缸内的往复运动做导向以及承受侧压力。活塞工作时，燃烧气体压力作用在活塞的顶部，而活塞销反力作用在头部的销座孔处，由此产生的变形是裙部直径沿活塞销座轴线方向增大（受力变形）。侧压力使活塞裙部变形；活塞销座孔附近的金属堆，受热膨胀量大，致使活塞裙部在受热变形时，活塞销座孔方向的膨胀量大。活塞裙部是椭圆，为了保证在冷态的情况下活塞与汽缸壁的接触，在活塞裙部有开槽。由于活塞沿轴线受热以及质量分布不均匀，所以活塞通常做成上小下大的近似圆锥形。

活塞销座孔也是活塞的组成部分之一，它将活塞顶部气体作用力经活塞销传给连杆。销座孔通常有肋片与活塞内壁相连，以提高其刚度。销座孔内有安装弹性卡环的卡环槽，卡环用来防止活塞销在工作中发生轴向窜动。

活塞环包括气环和油环两种。

（1）气环。

气环的作用是保证活塞与汽缸壁之间的密封，防止高温高压燃气进入曲轴箱；同时还将活塞顶部的大部分热量传导给汽缸，再由冷却水或空气带走。

活塞环工作时受到汽缸中气体的高温高压作用，其温度较高，而且在汽缸中高速运动，加上机油高温变质，润滑条件变坏，容易使其磨损严重。活塞环磨损失效后，发动机出现启动困难、功率不足、曲轴箱压力升高、机油损耗量大、排气冒黑烟、活塞边面积碳严重等现象。

汽缸磨损的不均匀性，使其变成锥形和椭圆形，活塞在其中往复运动，沿颈向产生一张一缩的运动，使环受弯曲应力而容易折断，造成发动机卡死或拉缸、发动机不工作的现象。

活塞环一般是用合金铸铁铸造的。第一道气环的工作表面一般镀有多孔铬（多孔铬的硬度高，能储存少量的机油），其他一般镀锡或磷化，改善磨合性能。

活塞环上有一切口，且自由状态不是圆形，其尺寸比汽缸的内径大，所以它随活塞一起装入汽缸后，便产生弹力而紧贴汽缸壁，使燃气不能通过环与汽缸壁的接触面的间隙。切口一般是0.25～0.8mm。

（2）油环。

油环主要起刮油、布油和辅助密封作用。油环用来刮除汽缸壁上多余的机油，并在汽缸壁上铺涂一层均匀的机油膜，这样既可以防止机油渗入，又可以减小活塞与汽缸的磨损与摩擦阻力。

油环分为普通油环和组合油环。普通油环一般是由铸铁做成的，其外圆中间切有一道凹槽，在凹槽的底部加工有许多排油孔；组合油环是由刮油片和两个弹性衬环组合而成的，轴向衬环夹装在第二、第三刮油片之间。

活塞销的作用是连接活塞与连杆小头端，将活塞承受的气体的作用力传递给连杆。活塞销为中空的圆柱体，一般采用低碳钢、低碳合金钢渗碳淬火或用45号中碳钢高频淬火制造而成。

根据活塞销固定方式的不同，可分为全浮式与半浮式两种。活塞销与活塞销座孔的连接配合一般多采用“全浮式”，即在发动机运转过程中，活塞销不仅可以在连杆小头衬套孔内，还可以在销座孔内缓慢地转动，以使活塞销各部分的磨损均匀。

3. 连杆的作用

连杆的功用是连接活塞和曲轴，把活塞的往复运动转变为曲轴的旋转运动，并将活塞承受的力传给曲轴。

4. 连杆的组成

连杆一般由小头、杆身和大头三部分组成。连杆一般由中碳钢或合金钢弹压而成。连杆小头端与活塞销相连，工作时与活塞销之间有相对运动，小头孔中有衬套（青铜）。在连杆的小头端和衬套上钻有小孔（油道），用来润滑小头端和活塞销。

连杆杆身通常做成工字型断面，以求增加其强度和刚度，在其中间有油润滑油道。

连杆大头与曲轴的曲柄销相连，大头一般做剖分式的，被分开的部分称为连杆盖，接特制的连杆螺栓紧固在连杆的大头上。连杆盖与连杆大头是组合搪孔，为了防止装配错误，在同一侧有配对记号。大头孔表面有很高的光洁度，以便与连杆轴瓦紧密贴合。连杆大头还铣有定位坑，连杆的大端还有油孔。

连杆大头按剖分面可分为平切口和斜切口两种。一般汽油机连杆大头的直径小于汽缸的直径，采用平切口；而柴油机受力大，其大头直径较大，超过汽缸的直径，所以采用斜切口，一般与连杆轴线成30°～60°夹角。

二、相关实训准备

桑塔纳2000AJR发动机及翻转架、世达工具150件、常用工具、工作台等。

任务实施

活塞连杆组的拆卸，如图4－2－2所示。

☞操作说明：使用合理工具，按照一定顺序对发动机活塞连杆组进行拆卸，注意相应的标记。

（a）确认各汽缸活塞方向标记，若没有，做上标记

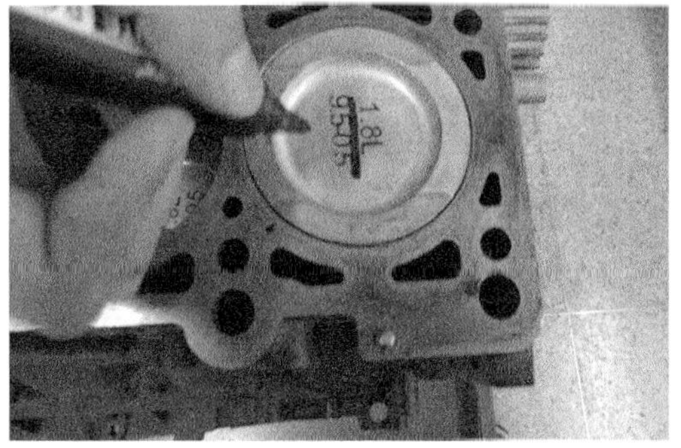

（b_1）做上每缸顺序标记

图4－2－2　活塞连杆组的拆卸

(b_2) 做上每缸顺序标记

(c) 调整发动机翻转架至机体倒置位置

(d) 检查各缸连杆轴承盖的位置记号，若没有，做上记号

(e) 使用指针式扭力扳手交替分两次预松连杆轴承盖螺栓

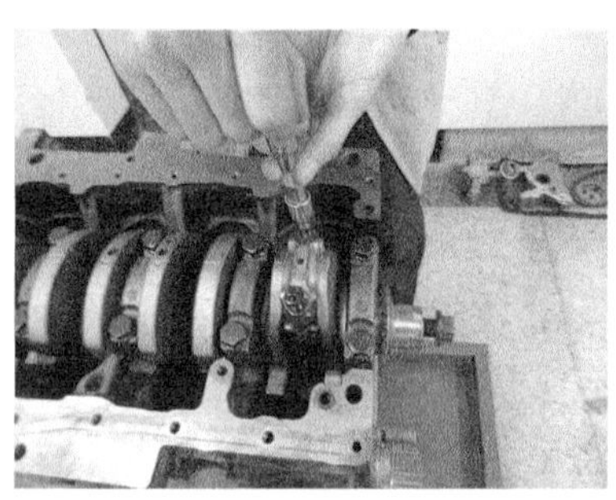

(f) 拆卸连杆轴承盖螺栓

(g) 取下连杆轴承盖及螺栓

(h) 从连杆大头处往汽缸上部方向推出活塞连杆总成

(i) 将原连杆盖、瓦、连杆螺栓套回连杆大头处

图4－2－2　活塞连杆组的拆卸（续）

任务三　曲轴飞轮组的拆卸

任务目标

1. 明确发动机曲轴飞轮组拆卸的步骤与流程
2. 拆卸工具的使用

任务准备

一、相关知识准备

曲轴飞轮组主要由曲轴、飞轮、正时齿轮、带轮及扭转减震器等组成，如图 4－3－1 所示。

1. 曲轴的作用

（1）在做功行程中，将连杆传来的推力变成旋转的转矩，经汽车传动系统驱动车辆行驶。

（2）利用曲轴和飞轮的旋转惯性，经连杆带动活塞上下运动，完成排气、进气、压缩等辅助行程，为下一做功行程做准备。

（3）驱动配气机构、机油泵、风扇、水泵、发电机、空气压缩机等附属装置。

2. 飞轮的作用

（1）储存做功行程时的动能，用以克服辅助行程时的阻力，使曲轴旋转均匀。

（2）飞轮外圈装有齿圈，用启动机启动发动机时，驱动齿轮与齿圈啮合，使曲轴旋转起动。

（3）飞轮是离合器的主动部分。

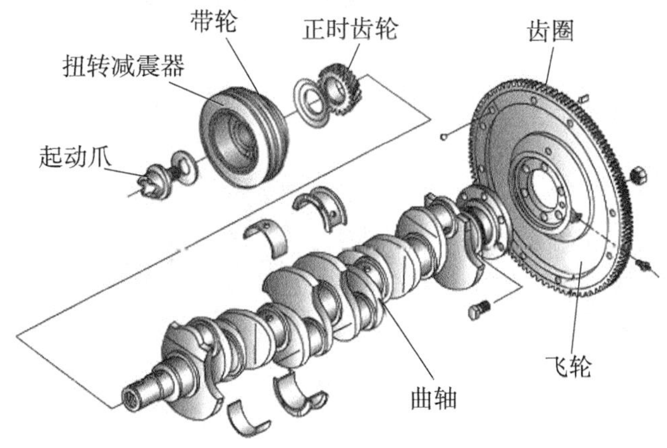

图 4－3－1　活塞连杆组

二、相关实训准备

桑塔纳 2000AJR 发动机及翻转架、世达工具 150 件、常用工具、工作台等。

任务实施

（1）飞轮的拆卸，如图 4－3－2 所示。

☞操作说明：使用合理工具，按照一定顺序对发动机飞轮进行拆卸，注意相应的标记。

（a）固定曲轴

（b）使用工具拧松飞轮螺栓

（c）拧下飞轮螺栓

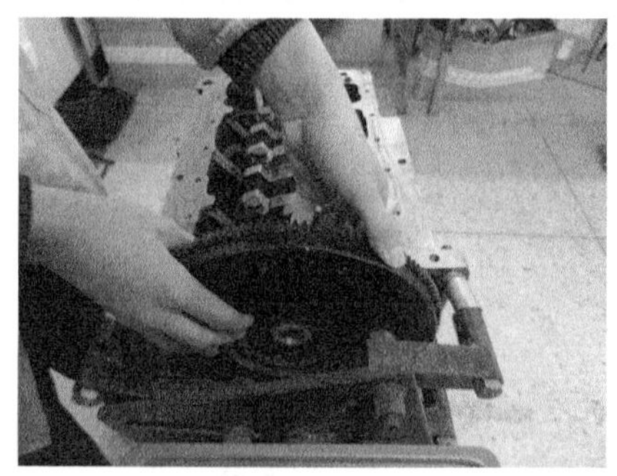

（d）取下飞轮

（e）使用工具拧松后油封总成螺栓

（f）取下后油封总成

图 4－3－2　飞轮的拆卸

（2）曲轴的拆卸，如图 4－3－3 所示。

☞操作说明：使用合理工具，按照一定顺序对发动机曲轴进行拆卸，注意相应的标记。

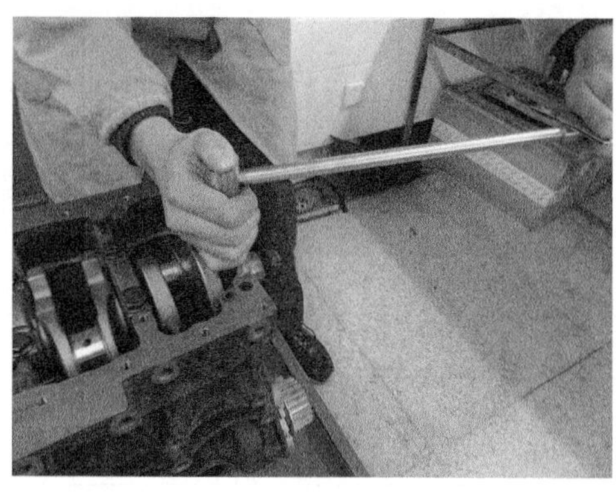

（a）使用指针式扭力扳手分 2 次按规定顺序成对交替释放曲轴轴承盖固定螺栓力矩

（b）使用合理工具按规定顺序拆下曲轴轴承盖固定螺栓

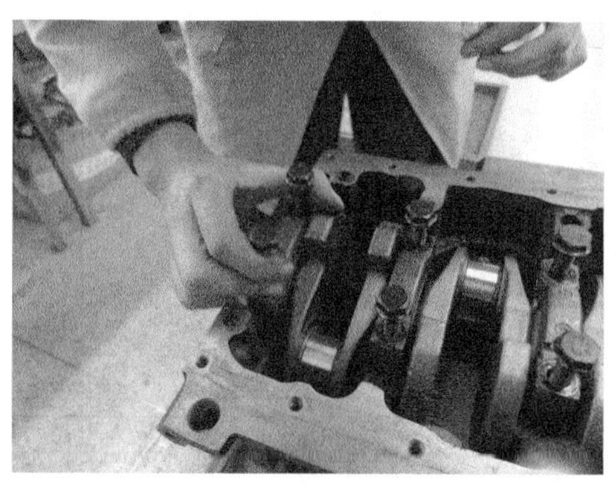

（c）用手拆下 5 个曲轴轴承盖并按序号摆放整齐

（d）将曲轴从发动机取下

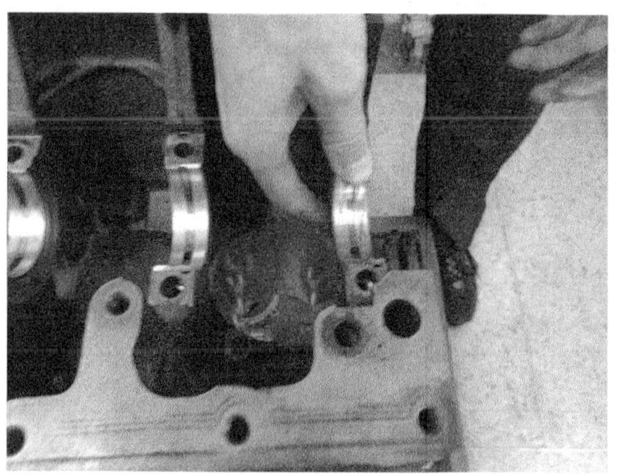

（e）在曲轴轴瓦非定位端沿圆周切线方向拆下发动机缸体上 5 个曲轴轴瓦

图 4－3－3　曲轴的拆卸

（3）活塞连杆组的拆卸流程如下表所示。

AJR 发动机拆装项目作业表——活塞连杆组的拆卸

<table>
<tr><td colspan="3">确认各汽缸活塞方向标记
要点：若没有，做上标记</td></tr>
<tr><td colspan="3">调整发动机翻转架至机体倒置位置</td></tr>
<tr><td rowspan="3">拆卸油底壳</td><td>1</td><td>预松油底壳螺栓
要点：螺栓由两边到中间对角拧松</td></tr>
<tr><td>2</td><td>拆卸油底壳螺栓</td></tr>
<tr><td>3</td><td>取下油底壳</td></tr>
<tr><td rowspan="3">拆卸皮带盘</td><td>1</td><td>预松曲轴皮带盘紧固螺栓
要点：应对角线预松</td></tr>
<tr><td>2</td><td>拆卸曲轴皮带盘紧固螺栓</td></tr>
<tr><td>3</td><td>取下曲轴皮带盘</td></tr>
<tr><td colspan="3">取下密封垫</td></tr>
<tr><td rowspan="2">拆卸挡油板</td><td>1</td><td>拆卸挡油板紧固螺栓</td></tr>
<tr><td>2</td><td>取下挡油板</td></tr>
<tr><td rowspan="5">拆卸正时齿轮</td><td>1</td><td>固定曲轴</td></tr>
<tr><td>2</td><td>预松曲轴前端正时齿轮的紧固螺栓</td></tr>
<tr><td>3</td><td>拆下紧固螺栓</td></tr>
<tr><td>4</td><td>取下正时齿轮</td></tr>
<tr><td>5</td><td>松开曲轴</td></tr>
<tr><td rowspan="3">拆卸前端法兰</td><td>1</td><td>预松曲轴前端法兰紧固螺栓
要点：螺栓两边到中间拧松</td></tr>
<tr><td>2</td><td>拆卸曲轴前端法兰紧固螺栓</td></tr>
<tr><td>3</td><td>取下曲轴前端法兰</td></tr>
<tr><td rowspan="5">拆卸机油泵</td><td>1</td><td>拆卸机油泵链条张紧器螺固螺栓</td></tr>
<tr><td>2</td><td>取下机油泵链条张紧器</td></tr>
<tr><td>3</td><td>预松机油泵及链条螺固螺栓</td></tr>
<tr><td>4</td><td>拆卸机油泵及链条螺固螺栓</td></tr>
<tr><td>5</td><td>拆下机油泵、链条</td></tr>
</table>

续　表

拆卸活塞连杆组	1	装上正时齿轮和紧固螺栓 要点：对正安装位置
	2	旋转发动机曲轴，使（待拆）汽缸处于活塞下止点位置
	3	检查各缸连杆轴承盖的位置记号 要点：若没有，做上记号
	4	预松连杆轴承盖螺栓 要点：交替分次旋松连杆轴承盖螺栓
	5	拆卸连杆轴承盖螺栓
	6	取下连杆轴承盖及螺栓
	7	从连杆大头处往汽缸上部方向推出活塞连杆总成 要点：用非金属件推出活塞连杆总成
	8	将原连杆盖、瓦、连杆螺栓套回连杆大头处 要点：注意各个零件的方向
拆卸活塞环	1	拆下第一道气环 要点：正确使用工具
	2	拆下第二道气环 要点：正确使用工具
	3	拆卸油环上刮片
	4	拆卸油环下刮片
	5	拆卸油环衬簧
	6	清洁活塞环
	7	清洁活塞
清洁工作区		
整理工具		

注：本发动机的霍尔传感器及空调压缩机已预先拆除。

项目五　发动机曲柄连杆机构的安装

学习任务

任务一　曲轴飞轮组的安装

任务二　活塞连杆组的安装

任务三　油底壳及机油泵的安装

建议学时

12 学时

任务一　曲轴飞轮组的安装

任务目标

1. 明确发动机曲轴飞轮组安装的步骤与流程
2. 安装工具的使用

任务准备

一、相关知识准备

1. 曲轴

（1）功用：①把活塞连杆组传来的气体压力转变为扭矩对外输出；②驱动配气机构及其他附属装置。

（2）材料：大多采用优质中碳钢或中合金碳钢，有的采用球墨铸铁铸造。

（3）构造：曲轴包括前端轴、主轴颈、连杆轴颈、曲柄、平衡重、后端轴等，一个连杆轴颈和它两端的曲柄及主轴颈构成一个曲拐。

①主轴颈和连杆轴颈。

主轴颈是曲轴的支承部分。每个连杆轴颈两边都有一个主轴颈，称为全支承曲轴，如图 5－1－1 中（a）所示；主轴颈数等于或少于连杆轴颈数者称为非全支承曲轴，如图 5－1－1 中（b）所示。

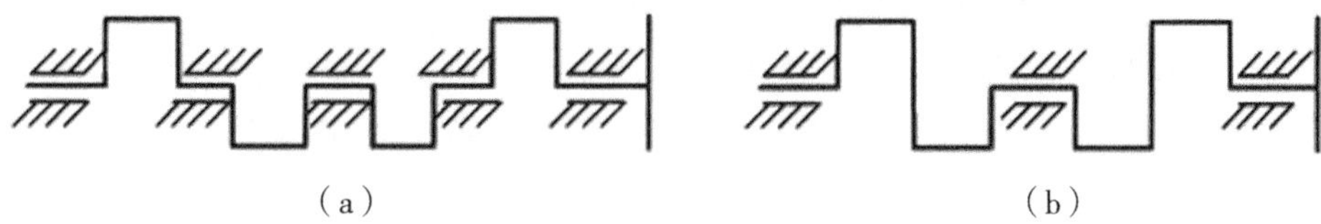

图 5－1－1　曲轴的支承形式示意

曲轴上有贯穿主轴颈、曲柄和连杆轴颈的油道，以便润滑主轴颈和连杆轴颈，如图 5－1－2 所示。

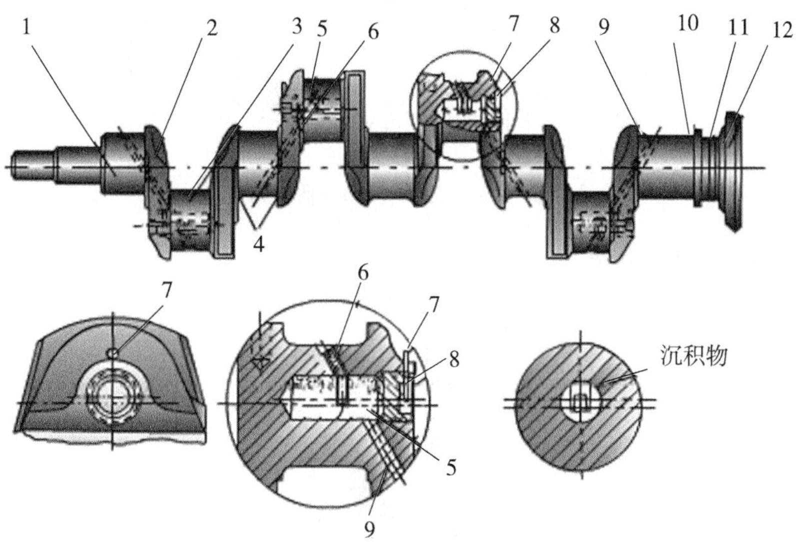

图 5－1－2　曲轴油道

1—主轴颈；2—曲轴；3—连杆轴颈；4—圆角；5—积污腔；6—油管；7—开口销；8—螺塞；9—油道；10—挡油盘；11—回油螺纹；12—右端凸缘

②曲柄和平衡重：曲柄是用来连接主轴颈和连杆轴颈的；平衡重的作用是平衡各机件产生的离心惯性力及其力矩。

③曲拐的布置。

A. 布置原则。

a. 使各缸做功间隔角尽量相等。对直列多缸四冲程发动机，做功间隔角为 7200/缸数。

b. 连续做功的两缸相隔尽量远，减少主轴承连续载荷，避免相邻两缸进气门同时

开启的抢气现象。

c. V 型发动机左右两排汽缸尽量交替做功。

B. 常用曲拐布置。

a. 直列四冲程四缸发动机。曲拐对称布置于同一平面内。发动机工作顺序有“1—3—4—2”和“1—2—4—3”两种。

b. 直列四冲程六缸发动机如图 5 - 1 - 3 所示。曲拐对称布置于三个平面内。发动机工作顺序有“1—5—3—6—2—4”和“1—4—2—6—3—5”两种。

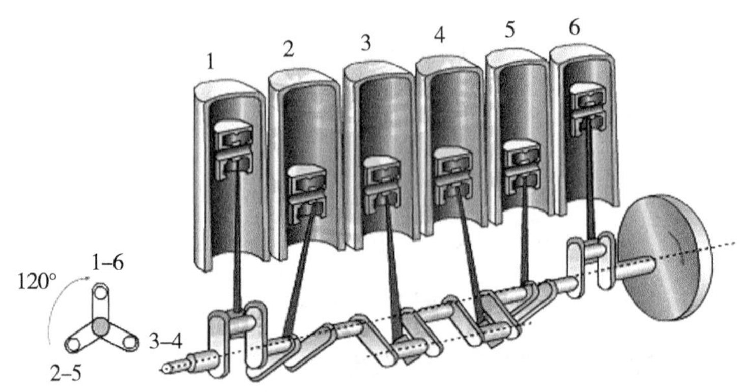

图 5 - 1 - 3　六缸发动机曲拐布置

④前端轴与后端轴如图 5 - 1 - 4 所示。

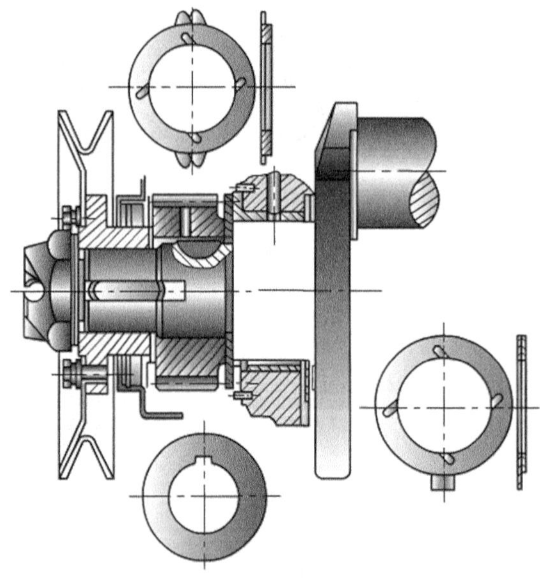

图 5 - 1 - 4　曲轴的前端轴与后端轴

A. 作用：前端轴用来安装正时齿轮、皮带轮及起动爪等；后端轴有凸缘盘，用来安装飞轮。

B. 前后端的密封：曲轴前后端都伸出曲轴箱，为了防止润滑油沿轴颈流出，在曲轴前后都设有防漏装置。常用的防漏装置有挡油盘、填料油封、自紧油封、回油螺纹等。

⑤曲轴的轴向定位。

A. 结构：在某一道主轴承的两侧装止推片。止推片由低碳钢背和减磨层组成。

B. 安装注意事项：止推片有减磨层的一面朝向转动件，当曲轴向前窜动时，后止推片承受轴向推力；向后窜动时，前止推片承受轴向推力。

C. 曲轴的轴向间隙的调整：更换止推片的厚度。

2. 飞轮

（1）功用。

①贮存和能量：在做功行程储存能量，用以完成其他三个行程，使发动机运转平稳。

②利用飞轮上的齿圈启动时传力。

③将动力传给离合器。

④克服短暂的超负荷。

（2）构造。

①飞轮为一外缘有齿圈的铸铁圆盘，如图 5－1－5 所示。

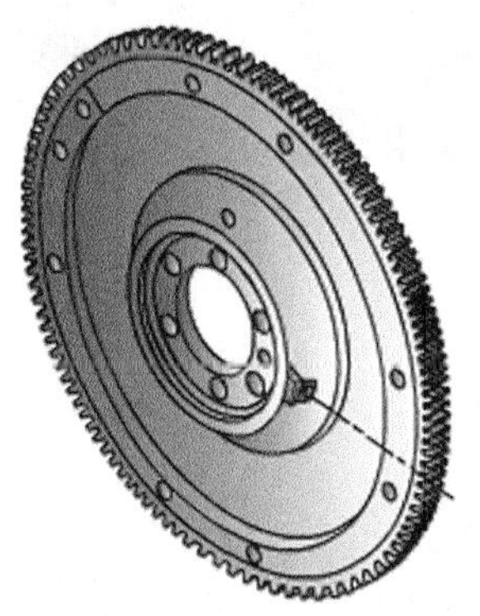

图 5－1－5　飞轮的结构

②有的飞轮上有一缸上止点记号和点火提前角刻度线（汽油机）或供油提前角刻度线（柴油机），以便调整和检验点火正时，供油提前角和气门间隙。

二、相关实训准备

桑塔纳 2000AJR 发动机及翻转架、世达工具 150 件、常用工具、工作台等。

任务实施

（1）曲轴的安装，如图5－1－6所示。

☞操作说明：使用合理工具，按照一定顺序对发动机曲轴进行安装，注意相应的标记。

（a）清洁、目视检查曲轴轴承盖是否正常

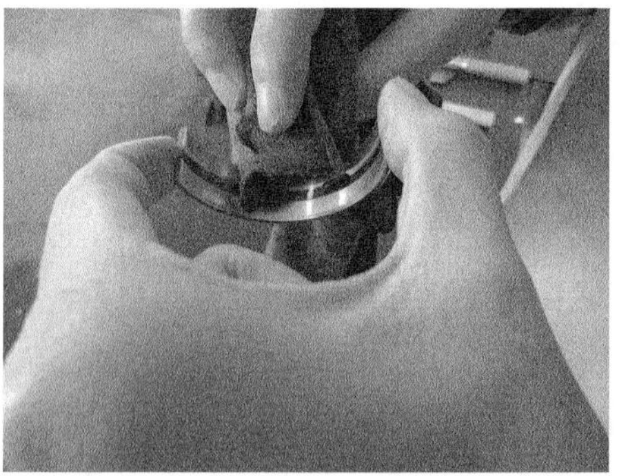

（b_1）将曲轴轴承按方向与顺序安装至汽缸体上，并涂抹机油

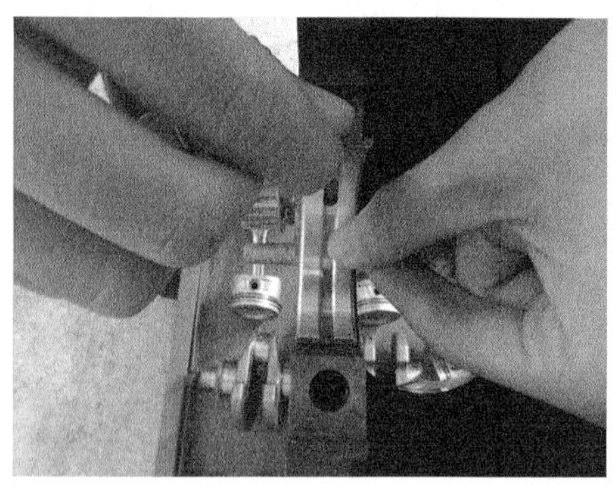

（b_2）将曲轴轴承按方向与顺序安装至汽缸体上，并涂抹机油

（c）清洁、目视检查曲轴是否正常

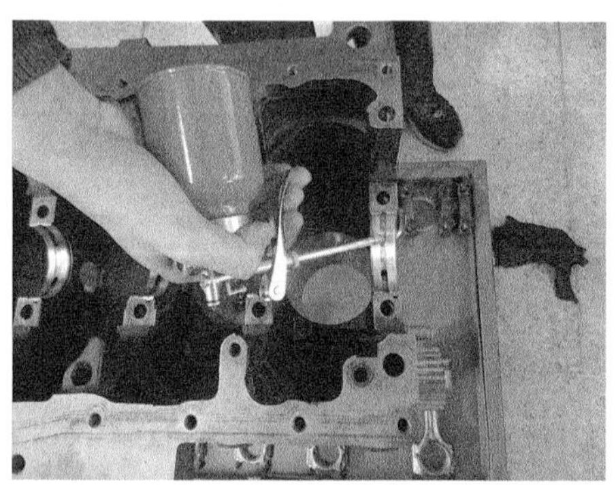

（d）将曲轴安装到缸体上

（e）涂抹机油

图5－1－6　曲轴的安装

（f_1）将曲轴轴承盖按方向与顺序安装至汽缸体上

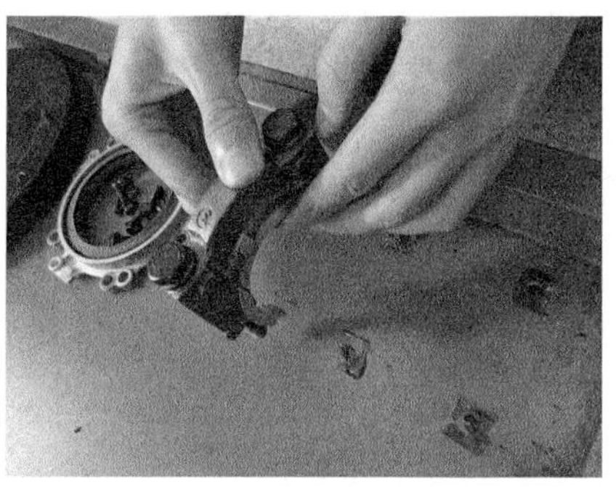

（f_2）将曲轴轴承盖按方向与顺序安装至汽缸体上

（g）使用锤子将曲轴轴承盖敲平

（h）使用合理工具按交替旋紧被拆曲轴轴承盖固定螺栓

（i）使用预置式扭力扳手按正确的上紧顺序，将曲轴轴承盖固定螺栓上紧至规定力矩，口述螺栓标准力矩为65N·m

（j）使用指针式扭力扳手按正确的上紧顺序，将曲轴轴承盖固定螺栓上紧至规定力矩，口述标准拧转螺栓90°

图5－1－6　曲轴的安装（续）

（2）飞轮的安装，如图5－1－7所示。

☞操作说明：使用合理工具，按照一定顺序对发动机曲轴进行安装，注意相应的标记。

（a）安装曲轴后油封

（b）安装曲轴后油封螺栓

（c）拧紧曲轴后油封螺栓

（d）安装飞轮

（e）安装飞轮螺栓

（f）拧紧飞轮螺栓

图5-1-7　飞轮的安装

任务二　活塞连杆组的安装

任务目标

1. 明确发动机活塞连杆组安装的步骤与流程
2. 安装工具的使用

任务准备

一、相关知识准备

要学习发动机活塞连杆组知识，具体如下。

活塞工作条件：活塞在高温、高压、高速、润滑不良的条件下工作。活塞直接与高温气体接触，瞬时温度可达2500K以上，因此，受热严重，而散热条件又很差，所以活塞工作时温度很高，顶部高达600～700K，且温度分布很不均匀；活塞顶部承受气体压力很大，特别是做功行程压力最大，汽油机高达3～5MPa，柴油机高达6～9MPa，这就使得活塞产生冲击并承受侧压力；活塞在汽缸内以很高的速度（8～12m/s）往复运动，且速度在不断地变化，这就产生了很大的惯性力，使活塞受到很大的附加载荷。活塞在这种恶劣的条件下工作，会产生变形并加速磨损，还会产生附加载荷和热应力，同时受到燃气的化学腐蚀作用。

活塞要求：①要有足够的强度、刚度、硬度和较小的膨胀系数；②导热性好，耐高压、耐高温、耐磨损；③质量小，重量轻，尽可能减小往复惯性力。

铝合金材料基本上满足上面的要求，因此，活塞一般都采用高强度铝合金材料，但在一些低速柴油机上采用高级铸铁或耐热钢材料。

活塞构造：活塞可分为三部分，即活塞顶部、活塞头部和活塞裙部。

1. 活塞顶部

活塞顶部承受气体压力，它是燃烧室的组成部分，其形状、位置、大小都和燃烧室的具体形式有关，都是为了满足可燃混合气形成和燃烧的要求，其顶部形状可分为四大类：平顶活塞、凸顶活塞、凹顶活塞和成型顶活塞（见图5－2－1）。

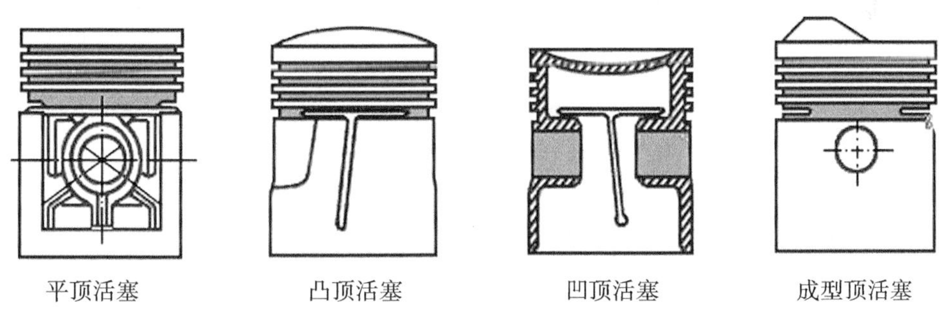

图5－2－1　活塞顶部分类

平顶活塞顶部是一个平面，结构简单，制造容易，受热面积小，顶部应力分布较为均匀，一般用在汽油机上，柴油机很少采用。

凸顶活塞顶部凸起呈球顶形，其顶部强度高，起导向作用，有利于改善换气过程，二冲程汽油机常采用凸顶活塞。

凹顶活塞顶部呈凹陷形，凹坑的形状和位置必须有利于可燃混合气的燃烧，有双涡流凹坑、球形凹坑、U 形凹坑等。

2. 活塞头部

活塞头部指第一道活塞环槽到活塞销孔以上部分。它有数道环槽，用以安装活塞环，起密封作用，又称为防漏部。柴油机压缩比高，一般有四道环槽，上部三道安装气环，下部安装油环。汽油机一般有三道环槽，其中有两道气环槽和一道油环槽，在油环槽底面上钻有许多径向小孔，使被油环从汽缸壁上刮下的机油经过这些小孔流回油底壳。第一道环槽工作条件最恶劣，一般应离顶部较远些。

活塞顶部吸收的热量主要也是经过防漏部通过活塞环传给汽缸壁，再由冷却水传出去。总之，活塞头部的作用除了用来安装活塞环外，还有密封作用和传热作用，与活塞环一起密封汽缸，防止可燃混合气漏到曲轴箱内，同时还将 70% ~80% 的热量通过活塞环传给汽缸壁。

3. 活塞裙部

活塞裙部指从油环槽下端面起至活塞最下端的部分，它包括装活塞销的销座孔。活塞裙部对活塞在汽缸内的往复运动起导向作用，并承受侧压力。裙部的长短取决于侧压力的大小和活塞直径。所谓侧压力是指在压缩行程和做功行程中，作用在活塞顶部的气体压力的水平分力使活塞压向汽缸壁。压缩行程和做功行程气体的侧压力方向正好相反，由于燃烧压力大大高于压缩压力，所以，做功行程中的侧压力也大大高于压缩行程中的侧压力（见图 5 -2 -2）。活塞裙部承受侧压力的两个侧面称为推力面，它们处于与活塞销轴线相垂直的方向上。

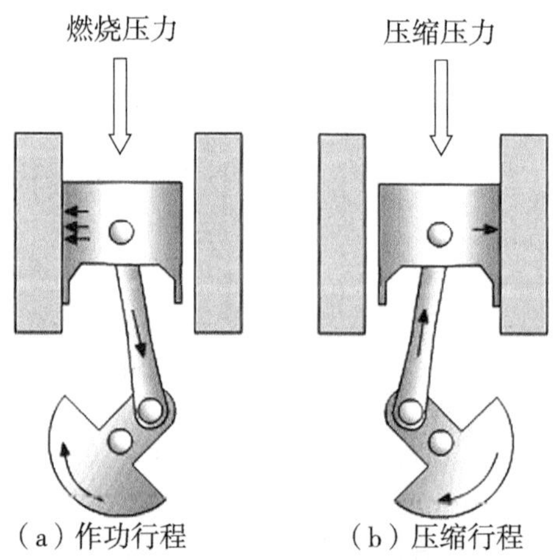

图 5 -2 -2　活塞裙部侧压力

活塞裙部的结构特点如下。

（1）预先做成椭圆形是为了使裙部两侧承受气体压力并与汽缸保持小而安全的间隙，虽然要求活塞在工作时具有正确的圆柱形，但是由于活塞裙部的厚度很不均匀，活塞销座孔部分的金属厚，受热膨胀量大，沿活塞销座轴线方向的变形量大于其他方向（见图5－2－3）。另外，裙部承受气体侧压力的作用，导致沿活塞销轴向变形量较垂直活塞销方向大。

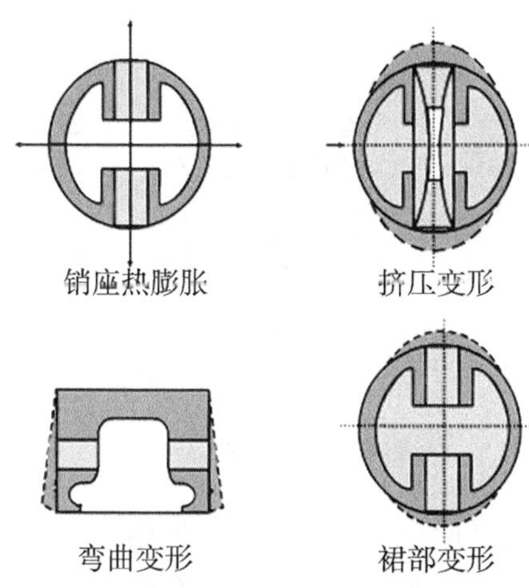

图5－2－3　活塞裙部变形

这样，如果活塞冷态时裙部为圆形，那么工作时活塞就会变成一个椭圆，使活塞与汽缸之间圆周间隙不相等，使活塞在汽缸内卡住，发动机就无法正常工作。因此，在加工时预先把活塞裙部做成椭圆形状。椭圆的长轴方向与销座垂直，短轴方向沿销座方向，这样活塞工作时裙部就趋近正圆。

（2）活塞沿高度方向的温度很不均匀，活塞的温度是上部高、下部低，膨胀量也相应是上部大、下部小。为了使工作时活塞上下直径趋于相等，即为圆柱形，就必须预先把活塞制成上小下大的阶梯形、锥形（见图5－2－4）。

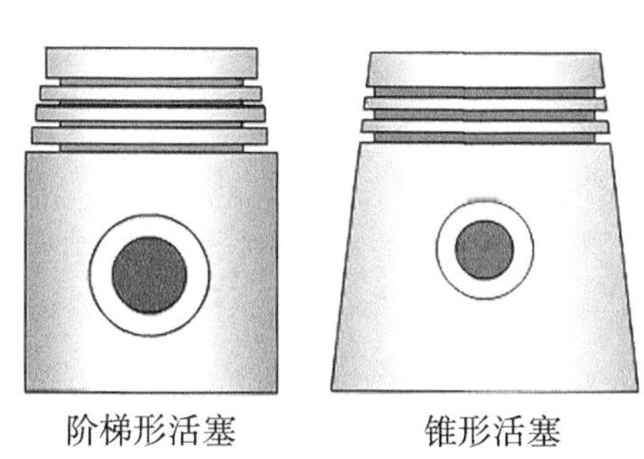

图5－2－4　活塞形状

(3) 为了减小活塞裙部的受热量，通常在裙部开横向的隔热槽，为了补偿裙部受热后的变形量，裙部开有纵向的膨胀槽。槽的形状有“T”形或“Π”形（见图5－2－5）。横槽一般开在最下一道环槽的下面，位于裙部上边缘销座的两侧（也有开在油环槽之中的），以减小头部热量向裙部传递，故称之为隔热槽。竖槽会使裙部具有一定的弹性，从而使活塞装配时与汽缸间有尽可能小的间隙，而在热态时又具有补偿作用，不致于使活塞在汽缸中卡死，故将竖槽称为膨胀槽。裙部开竖槽后，会使其开槽的一侧刚度变小，在装配时应使其位于作功行程中承受侧压力较小的一侧。柴油机活塞受力大，裙部一般不开槽。

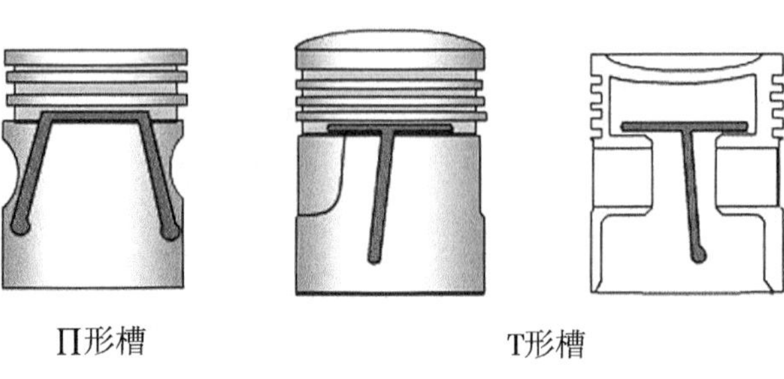

图5－2－5　裙部开槽

(4) 有些活塞为了减轻重量，在裙部开孔或把裙部不受侧压力的两边切去一部分，以减小惯性力，减小销座附近的热变形量，形成拖板式活塞或短活塞（见图5－2－6），拖板式结构裙部弹性好，质量小，活塞与汽缸的配合间隙较小，适用于高速发动机。

(5) 为了减小铝合金活塞裙部的热膨胀量，有些汽油机活塞在活塞裙部或销座内嵌入钢片（见图5－2－7）。恒范钢片式活塞的结构特点是，由于恒范钢为含镍33%～36%的低碳铁镍合金，其膨胀系数仅为铝合金的1/10，而销座通过恒范钢片与裙部相连，牵制了裙部的热膨胀变形量。

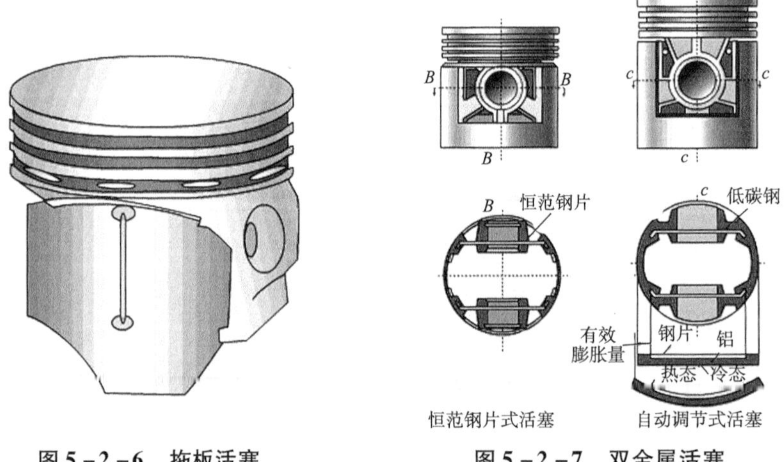

图5－2－6　拖板活塞　　**图5－2－7　双金属活塞**

（6）有的汽油机上，活塞销孔中心线是偏离活塞中心线平面的，向做功行程中受主侧压力的一方偏移了1～2mm（见图5－2－8）。这种结构可使活塞在从压缩行程到做功行程中较为柔和地从压向汽缸的一面过渡到压向汽缸的另一面，以减小敲缸的声音。在安装时，这种活塞销偏置的方向不能装反，否则换向敲击力会增大，使裙部受损。

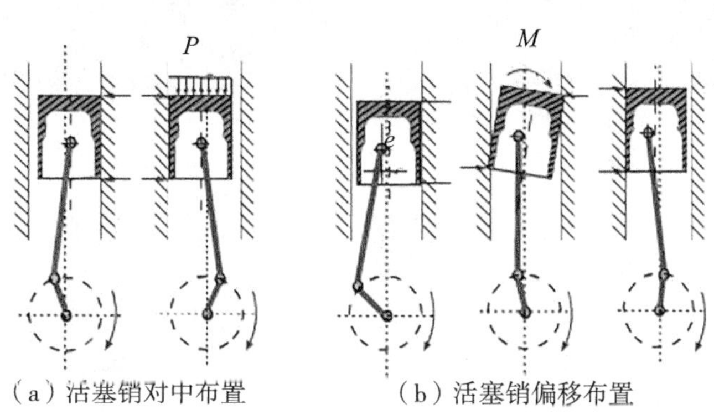

图5－2－8　活塞销偏置时的工作情况

二、相关实训准备

桑塔纳2000AJR发动机及翻转架、世达工具150件、常用工具、工作台等。

任务实施

活塞连杆组的安装，如图5－2－9所示。

☞操作说明：使用合理工具，按照一定顺序对发动机活塞连杆组进行安装，注意相应的标记。

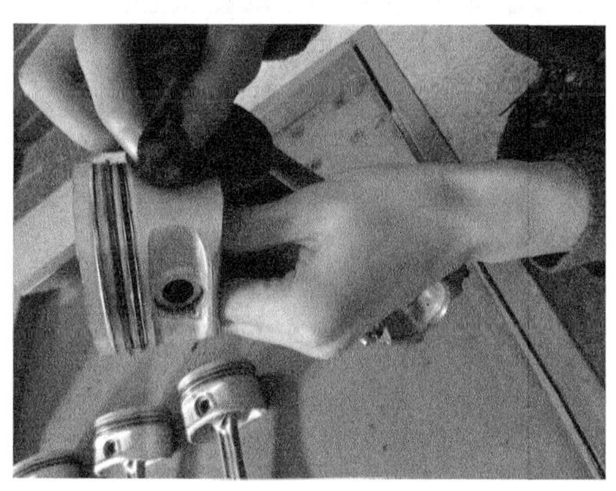

（a）清洁、检查活塞

（b）重新脱开连杆轴承盖

图5－2－9　活塞连杆组的安装

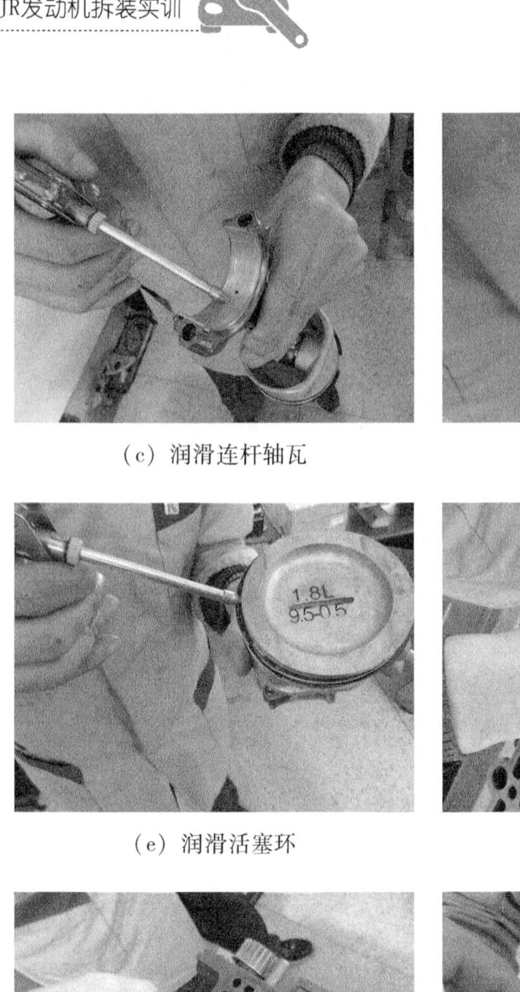

（c）润滑连杆轴瓦

（d）润滑活塞销

（e）润滑活塞环

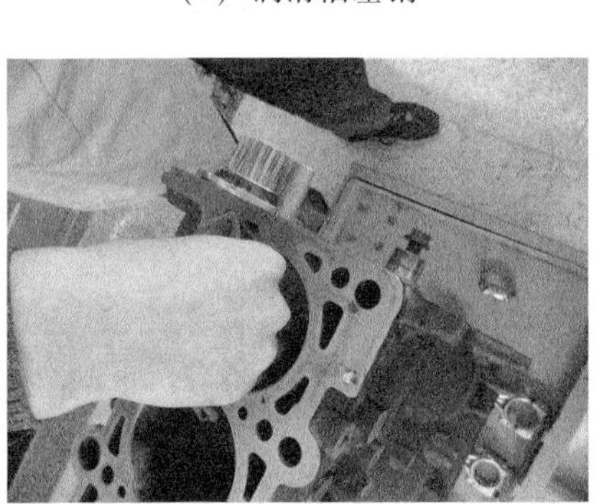

（f）清洁汽缸壁

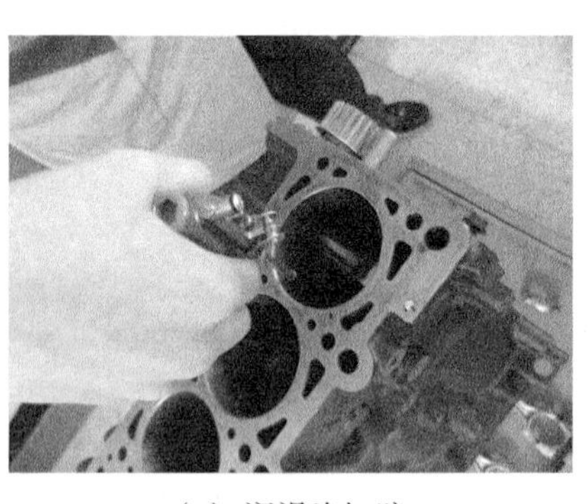

（g）润滑汽缸壁

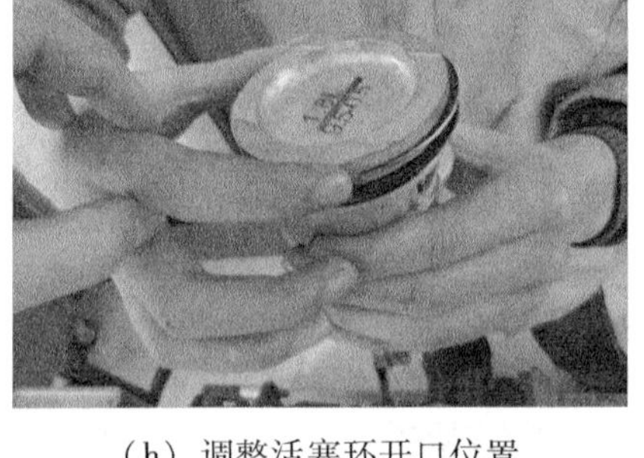

（h）调整活塞环开口位置

（i）将活塞从汽缸上部放入相应汽缸内

（j）清洁活塞环抱箍内壁

图5－2－9　活塞连杆组的安装（续）

（k）用工具夹紧所有活塞环

（l）用榔头柄将活塞轻轻敲入汽缸

（m）用手预紧连杆紧固螺栓

（n）用扭力扳手将连杆轴承盖紧固螺栓扭矩 30N·m，再拧转连杆轴承盖紧固螺栓 90°

（o）旋转曲轴，检查安装情况

图 5－2－9　活塞连杆组的安装（续）

任务三　油底壳及机油泵的安装

任务目标

1. 明确发动机油底壳及机油泵的安装步骤
2. 安装工具使用

任务准备

一、相关知识准备

1. 发动机润滑系知识

发动机工作时，各运动零件均以一定的力作用在另一个零件上，很多传动零件都是在很小的间隙下做高速相对运动的，如曲轴主轴颈与主轴承，曲柄销与连杆轴承，凸轮轴颈与凸轮轴承，活塞、活塞环与汽缸壁面，配气机构各运动副及传动齿轮副等，有了相对运动，零件表面必然要产生摩擦，加速磨损，尽管这些零件的工作表面都经过精细的加工，但放大来看，这些表面却是凹凸不平的。因此，为了减轻磨损，减小摩擦阻力，延长使用寿命，发动机上都必须有润滑系（见图 5－3－1）。

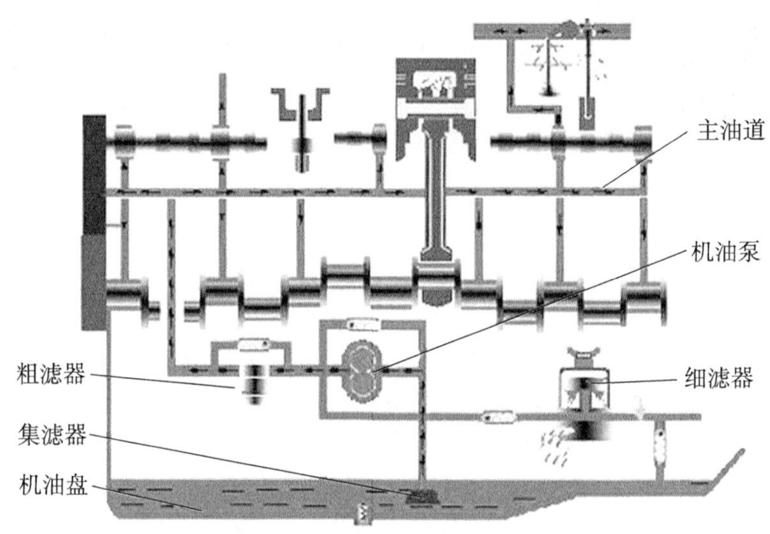

图 5－3－1　发动机润滑系

2. 润滑系功用

若不对发动机内各机件表面进行润滑，它们之间会发生强烈的摩擦。金属表面之间的干摩擦不仅增加发动机的功率消耗，加速零件工作表面的磨损，而且还有可能由于摩擦产生的热将零件工作表面烧损，致使发动机无法运转。润滑系统的功用就是在发动机工作时，连续不断地把数量足够、温度适当的洁净机油输送到全部传动件的摩擦表面，并在摩擦表面之间形成油膜，实现液体摩擦。从而减小摩擦阻力、降低功率消耗、减轻机件磨损，以达到提高发动机工作的可靠性和耐久性的目的。

3. 润滑系组成的主要部件及功用

油底壳：用来储存润滑油。在大多数发动机上，油底壳还起到为润滑油散热的作用。

机油泵：将一定量的润滑油从油底壳中抽出经机油泵加压后，源源不断地送至各零件表面进行润滑，维持润滑油在润滑系中的循环。机油泵大多装于曲轴箱内，也有些柴油机将机油泵装于曲轴箱外面，机油泵都采用齿轮驱动方式，通过凸轮轴、曲轴或正时齿轮来驱动。

机油滤清器：用来过滤掉润滑油中的杂质、磨屑、油泥及水分等杂物，使送到各润滑部位的都是干净清洁的润滑油。机油滤清器分粗机油滤清器和细机油滤清器，它们并联在油道中。机油泵输出绝大多数的机油通过粗机油滤清器，只有很少部分通过细机油滤清器，但汽车每行驶 5 千米，机油就会被细机油滤清器滤清一遍。

机油集滤器：多为滤网式，能滤掉润滑油中粒度大的杂质，其流动阻力小，串联安装于机油泵进油口之前。机油粗滤器用来滤掉润滑油中粒度较大的杂质，其流动阻力小，串联安装于机油泵出口与主油道之间；机油细滤器能滤掉润滑油中的细小杂质，但流动阻力较大，故多与主油道并联，只有少量的润滑油通过细滤器过滤。

主油道：是润滑系统的重要组成部分，直接在缸体与缸盖上铸出，用来向各润滑部位输送润滑油。

限压阀：用来限制机油泵输出的润滑油压力。旁通阀与机油粗滤器并联，当机油粗滤器发生堵塞时，旁通阀打开，机油泵输出的润滑油直接进入主油道。机油细滤器进油限压阀用来限制进入细滤器的油量，防止因进入细滤器的油量过多，导致主油道压力降低而影响润滑效果。

机油泵吸油管：通常带有收集器，浸在机油中。其作用是避免油中大颗粒杂质进入润滑系统。

曲轴箱通风装置：它的作用是防止一部分可燃混合气和废气经活塞环与汽缸壁间的间隙窜入曲轴箱内。可燃混合气进入曲轴箱后，其中的汽油蒸气会凝结，并溶入润滑油中，使润滑油变稀；废气中水蒸气与酸性气体会形成酸性物质，从而对机件造成腐蚀；窜气还会使曲输箱灯压力增大，造成曲轴箱密封件失效而使润滑油透漏。为了防止这种现象，必须设置通风系统。

现代汽车发动机润滑系统的油路大致相同。在润滑系统中，曲轴的主轴颈、曲柄销、凸轮轴颈及中间轴（分电器和机油泵的传动轴）颈均采用压力润滑，其余部分则用飞溅润滑或润滑脂润滑。当发动机工作时，机油从油底壳经机油集滤器被机油泵送入机油滤清器。如果油压太高，则机油经机油泵上的安全阀返回机油泵入口。全部机油经滤清器滤清之后进入发动机主油道。滤清器盖上设有旁通阀，当滤清器堵塞时，机油不经过滤清器滤清，由旁通阀直接进入主油道。机油经主油道进入五条分油道，分别润滑五个主轴承。然后，机油经曲轴上的斜油道，从主轴承流向连杆轴承润滑连杆轴颈。主油道中的部分机油经第六条分油道供入中间轴的后轴承。中间轴的前轴承由机油滤清器出油口的一条油道提供供油润滑。主油道的另一条分

油道直通凸轮轴轴承润滑油道，此油道也有五个分油道，分别向五个凸轮轴轴承供油。在凸轮轴轴承润滑油道的后端，也就是整个压力润滑油路的终端装有最低机油压力报警开关。当发动机启动之后，机油压力较低，最低油压报警开关触点闭合，油压指示灯亮。当机油压力超过 31kPa 时，最低油压报警开关触点断开，指示灯熄灭。另外，在机油滤清器上也装有机油压力开关，当发动机转速超过 2150r/min 时，机油压力若低于 180kPa，这时开关触点闭合，报警灯闪亮，同时蜂鸣器鸣响报警。

4. 润滑方式

由于发动机传动件的工作条件不尽相同，因此，对负荷及相对运动速度不同的传动件采用不同的润滑方式。

（1）压力润滑。压力润滑是以一定的压力把机油供入摩擦表面的润滑方式。这种方式主要用于主轴承、连杆轴承及凸轮轴承等负荷较大的摩擦表面的润滑。

（2）飞溅润滑。利用发动机工作时运动件溅泼起来的油滴或油雾润滑摩擦表面的润滑方式，称为飞溅润滑。该方式主要用来润滑负荷较轻的汽缸壁面和配气机构的凸轮、挺柱、气门杆以及摇臂等零件的工作表面。

二、相关实训准备

桑塔纳 2000AJR 发动机及翻转架、世达工具 150 件、常用工具、工作台等。

任务实施

（1）机油泵的安装，如图 5－3－2 所示。

☞操作说明：使用合理工具，按照一定顺序对发动机机油泵进行安装，注意相应的标记。

（a）装上机油泵

（b）预紧机油泵紧固螺栓

图 5－3－2　机油泵的安装

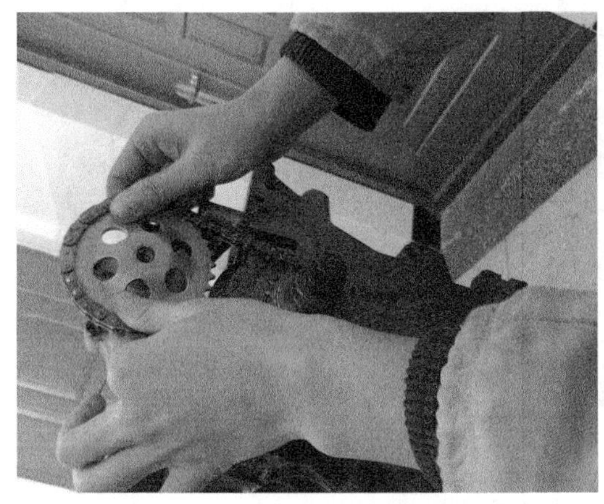
（c）安装机油泵链轮及链条

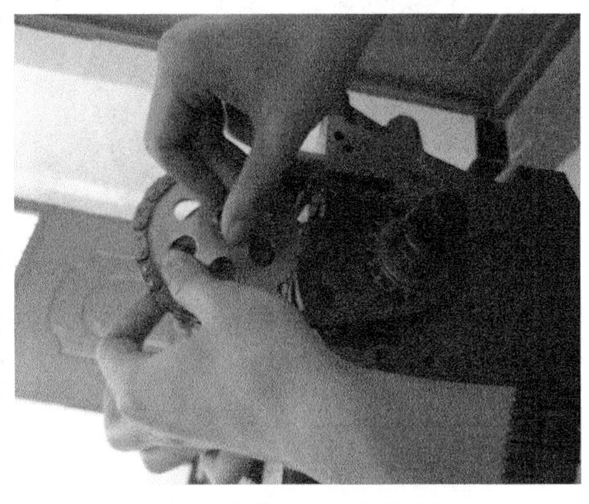
（d）安装机油泵链轮螺栓

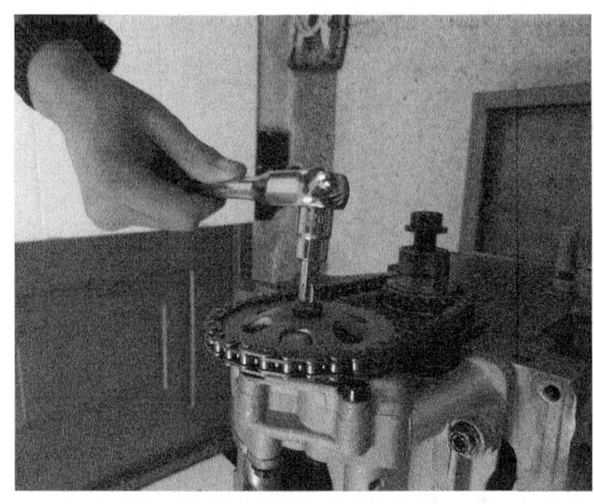
（e）拧紧机油泵链轮螺栓

（f）安装机油泵链条张紧器

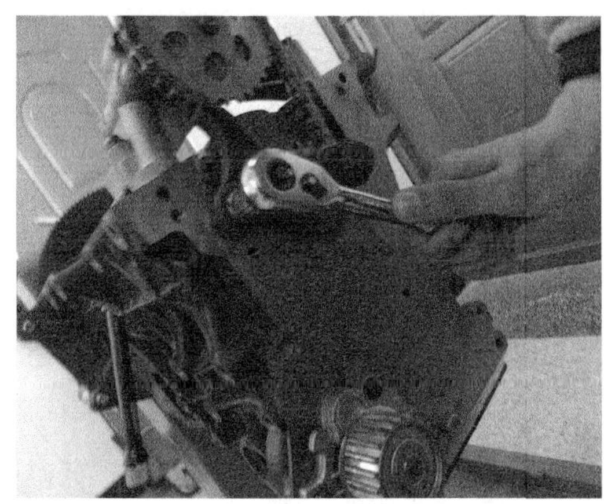
（g）拧紧机油泵链条张紧器

（h）安装曲轴前端法兰

图 5－3－2　机油泵的安装（续）

（i）拧紧曲轴前端法兰螺栓

（j_1）安装挡油板

（j_2）安装挡油板

图5-3-2 机油泵的安装（续）

（2）油底壳的安装，如图5-3-3所示。

☞操作说明：使用合理工具，按照一定顺序对发动机油底壳进行安装，注意相应的标记。

（a）安装密封垫

（b）安装油底壳

图5-3-3 油底壳的安装

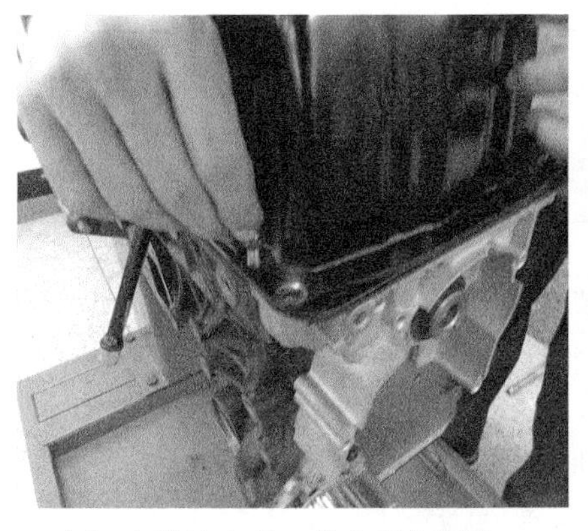

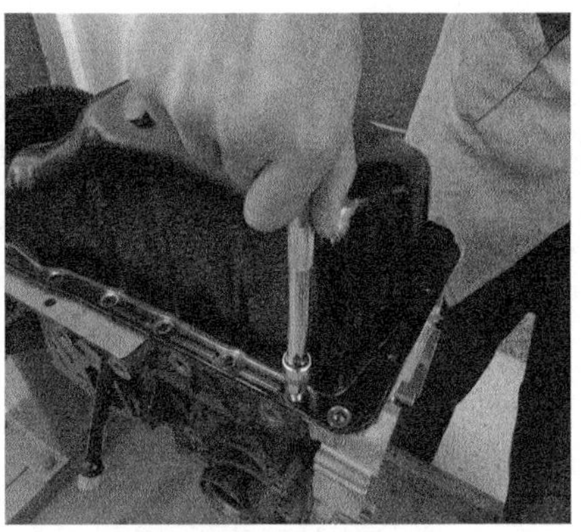

（c）安装油底壳，带入所有螺栓　　（d）预紧油底壳螺栓

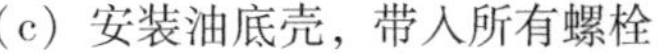

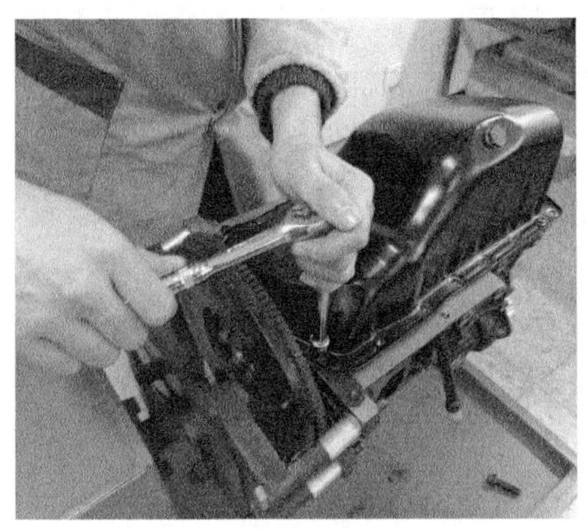

（e）拧紧油底壳螺栓

图 5-3-3　油底壳的安装（续）

（3）活塞连杆组的装配流程如下表所示。

AJR 发动机拆装项目作业表——活塞连杆组的装配

<table>
<tr><td colspan="3">确认或调整（待装）汽缸处于曲轴下止点位置</td></tr>
<tr><td colspan="3">调整发动机缸体向上位置</td></tr>
<tr><td rowspan="6">安装活塞环</td><td>1</td><td>安装油环衬簧</td></tr>
<tr><td>2</td><td>安装油环下刮片</td></tr>
<tr><td>3</td><td>安装油环上刮片</td></tr>
<tr><td>4</td><td>检查活塞环类型和标记</td></tr>
<tr><td>5</td><td>安装第二道气环
要点：安装方向正确</td></tr>
<tr><td>6</td><td>安装第一道气环
要点：安装方向正确</td></tr>
</table>

续 表

安装活塞连杆组	1	重新脱开连杆轴承盖
	2	取下上、下连杆轴瓦
	3	清洁连杆轴瓦
	4	将上、下连杆轴瓦装入连杆 要点：上、下连杆轴瓦不能装错，到位要求正确
	5	调整气环开口位置 要点：调整气环开口位置。要求第一道开口避开活塞侧压力大的一面及活塞销方向、其垂直方向，第二道和第一道开口错开180°
	6	调整油环开口位置 要点：两刮油片开口错开180°
	7	清洁汽缸壁，润滑部件（清洁、润滑动作可以点到为止，机油壶中没有机油）
	8	用工具夹紧所有活塞环
	9	从汽缸上部放入相应汽缸内 要点：活塞顶部的方向记号应朝向发动机前部
	10	用榔头柄将活塞轻轻敲入汽缸 要点：套上活塞环夹后，活塞环夹和活塞间不得相互旋转，以防破坏活塞环开口位置
	11	推至连杆大头完全进入曲轴连杆轴径内
	12	调整发动机翻转架至机体倒置位置
	13	安装连杆轴承盖（带下瓦），润滑部件（润滑动作可以点到为止，机油壶中没有机油） 要点：上下瓦止口相对安装
	14	预紧连杆紧固螺栓 要点：对角分次
	15	拧紧连杆轴承盖紧固螺栓 要点：扭力至30N·m
	16	在连杆轴承盖紧固螺栓上做上记号
	17	拧转连杆轴承盖紧固螺栓90°，检查连杆轴向间
	18	旋转曲轴，检查安装情况 要点：一周以上，旋转方向正确
安装正时齿轮	1	固定曲轴
	2	拆下正时齿轮及螺栓
	3	松开曲轴

续　表

安装机油泵	1	装上机油泵及链条
	2	预紧机油泵紧固螺栓
	3	拧紧机油泵紧固螺栓
	4	安装机油泵链条张紧器
安装前端法兰	1	安装曲轴前端法兰
	2	预紧曲轴前端法兰螺栓 要点：由中间到两边
	3	拧紧曲轴前端法兰螺栓
安装正时齿轮	1	固定曲轴
	2	安装曲轴前端正时齿轮 要点：对正安装位置
	3	预紧曲轴前端正时齿轮螺栓
	4	拧紧曲轴前端正时齿轮螺栓至 90N・m
	5	在曲轴前端正时齿轮螺栓上做记号
	6	旋转曲轴前端正时齿轮螺栓 90°
	7	松开曲轴
安装挡油板	1	安装挡油板
	2	拧紧挡油板紧固螺栓
安装油底壳	1	安装密封垫
	2	安装油底壳，带入所有螺栓
	3	预紧油底壳螺栓
	4	拧紧油底壳螺栓 要点：螺栓由中间到两边对角拧紧
调整发动机翻转架至机体原始状态（直列上置）位置		
清洁工作区		
整理工具		

注：本发动机的霍尔传感器及空调压缩机已预先拆除。

项目六　发动机汽缸盖及配气机构的安装

学习任务

任务一　凸轮轴及气门组的安装

任务二　汽缸盖的安装

任务三　正时皮带的安装

建议学时

12 学时

任务一　凸轮轴及气门组的安装

任务目标

1. 明确发动机凸轮轴及气门组的安装步骤
2. 安装工具的使用

任务准备

一、相关知识准备

1. 气门

（1）气门的工作条件。

气门的工作条件非常恶劣。首先，气门直接与高温燃气接触，受热严重，而散热困难，因此气门温度很高；其次，气门承受气体力和气门弹簧力的作用，配气机构运动件的惯性力会使气门落座时受到冲击；再次，气门在润滑条件很差的情况下以极高的速度启闭并在气门导管内做高速往复运动；最后，气门会因为与高温燃气中有腐蚀性的气体接触而受到腐蚀。

（2）气门材料。

进气门一般用中碳合金钢制造，如铬钢、铬钼钢和镍铬钢等。排气门则采用耐热合金钢制造，如硅铬钢、硅铬钼钢、硅铬锰钢等。

（3）气门构造。

汽车发动机的进、排气门均为菌形气门，由气门头部和气门杆两部分构成。气门顶面有平顶、凹顶和凸顶等形状。目前应用最多的是平顶气门，其结构简单，制造方便，受热面积小，进、排气门都可采用。

气门与气门座或气门座圈之间靠锥面密封。气门锥面与气门顶面之间的夹角称为气门锥角。进、排气门的气门锥角一般为45°，只有少数发动机的进气门锥角为30°。

气门头部接受的热量一部分经气门座圈传给汽缸盖；另一部分则通过气门杆和气门导管传给汽缸盖，最终都被汽缸盖水套中的冷却液带走。为了增强传热，气门与气门座圈的密封锥面必须严密贴合。为此，二者要配对研磨，研磨之后不能互换。

气门杆有较高的加工精度和较低的粗糙度，与气门导管保持较小的配合间隙，以减小磨损，并起到良好的导向和散热作用。

气门尾端的形状决定于上气门弹簧座的固定方式。采用剖分成两半且外表面为锥面的气门锁夹来固定上气门弹簧座，结构简单，工作可靠，拆装方便，因此得到了广泛的应用。气门锁夹内表面有多种形状，相应的气门尾端也有各种不同形状的气门锁夹槽。

在某些高度强化的发动机上采用中空气门杆的气门，旨在减轻气门质量和减小气门运动的惯性力。为了降低排气门的温度，增强排气门的散热能力，许多汽车发动机采用钠冷却气门，即在中空的气门杆中填入一半金属钠。因为钠的熔点是97.8℃，沸点是880℃，所以在气门工作时，钠变成液体，在气门杆内上下激烈地晃动，不断地从气门头部吸收热量并传给气门杆，再经气门导管传给汽缸盖，使气门头部得到冷却。

（4）每缸气门数。

一般发动机每个汽缸有两个气门，即一个进气门、一个排气门。进气门头部直径比排气门大15%～30%，目的是增大进气门通过断面面积，减小进气阻力，增加进气量。凡是进气门和排气门数量相同时，进气门头部直径总比排气门大。每缸两气门的发动机又称两气门发动机。现代高性能汽车发动机普遍采用每缸三、四、五个气门，其中尤以四气门发动机为数最多。

四气门发动机每缸两个进气门，两个排气门。其突出的优点是气门通过断面积大，进、排气充分，进气量增加，发动机的转矩和功率提高。每缸四个气门，每个气门的头部直径较小，每个气门的质量减轻，运动惯性力减小，有利于提高发动机转速。另外，四气门发动机多采用篷形燃烧室，火花塞布置在燃烧室中央，有利于燃烧。

（5）气门座与气门座圈。

汽缸盖上与气门锥面相贴合的部位称气门座。气门座的温度很高，又承受频率极高的冲击载荷，容易磨损。因此，铝汽缸盖和大多数铸铁汽缸盖均镶嵌由合金铸铁或粉末冶金或奥氏体钢制成的气门座圈。在汽缸盖上镶嵌气门座圈可以延长汽缸盖的使用寿命。也有一些铸铁汽缸盖不镶气门座圈，直接在汽缸盖上加工出气门座。

2. 气门导管

气门导管的功用是对气门的运动有导向作用，保证气门做直线往复运动，使气门与气门座或气门座圈能正确贴合。此外，还将气门杆接受的热量部分地传给汽缸盖。气门导管的工作温度较高，而且润滑条件较差，靠配气机构工作时飞溅起来的机油来润滑气门杆和气门导管孔。气门导管由灰铸铁、球墨铸铁或铁基粉末冶金制造。将气门导管压入汽缸盖上的气门导管座孔之后，再精铰气门导管孔，以保证气门导管与气门杆的正确配合间隙。

3. 气门弹簧

气门弹簧的功用是保证气门关闭时能紧密地与气门座或气门座圈贴合，并克服在气门开启时配气机构产生的惯性力，使传动件始终受凸轮控制而不相互脱离。

气门弹簧一般为等螺距圆柱形螺旋弹簧。当气门弹簧的工作频率与其固有的振动频率相等或为其整数倍时，气门弹簧就会发生共振。共振时将使配气定时遭到破坏，使气门发生反跳和冲击，甚至使弹簧折断。为防止共振的发生，可采取下列几个措施。

（1）采用双气门弹簧。

在柴油机和高性能汽油机上广泛采用每个气门安装两个直径不同、旋向相反的内、外弹簧。由于两个弹簧的固有频率不同，当一个弹簧发生共振时，另一个弹簧能起到阻尼减振作用。采用双气门弹簧可以减小气门弹簧的高度，而且当一个弹簧折断时，另一个弹簧仍可维持气门工作。弹簧旋向相反，可以防止折断的弹簧圈卡入另一个弹簧圈内，使其不能工作或损坏。

（2）采用变螺距气门弹簧。

某些高性能汽油机采用变螺距单气门弹簧。变螺距弹簧的固有频率不是定值，从而可以避开共振。

（3）采用锥形气门弹簧。

锥形气门弹簧的刚度和固有振动频率沿弹簧轴线方向是变化的，因此可以消除发生共振的可能性。

4. 凸轮轴

凸轮轴是活塞发动机里的一个部件。它的作用是控制气门的开启和闭合动作。虽然在四冲程发动机里凸轮轴的转速是曲轴的一半（在二冲程发动机中凸轮轴的转速与曲轴相同），不过通常它的转速依然很高，而且需要承受很大的扭矩，因此设计中对凸轮轴在强度和支撑方面的要求很高，其材质一般是优质合金钢或合金钢。由于气门运动规律关系到一台发动机的动力和运转特性，因此凸轮轴设计在发动机的设计过程中占据着十分重要的地位。

（1）凸轮轴工作条件及材料。

凸轮轴承受周期性的冲击载荷。凸轮与挺柱之间的接触应力很大，相对滑动速度也很高，因此凸轮工作表面的磨损比较严重。针对这种情况，凸轮轴轴颈和凸轮工作表面除应该有的较高的尺寸精度、较小的表面粗糙度和足够的刚度外，还应有较高的耐磨性和良好的润滑性。

凸轮轴通常由优质碳钢或合金钢锻造，也可用合金铸铁或球墨铸铁铸造。轴颈和凸轮工作表面经热处理后磨光。

（2）凸轮轴位置。

凸轮轴的位置有下置式、中置式和上置式三种。下置式配气机构的凸轮轴位于曲轴箱内，中置式配气机构的凸轮轴位于机体上部，上置式配气机构的凸轮轴位于汽缸盖上。

现在大多数量产车的发动机配备的是顶置式凸轮轴。顶置式凸轮轴结构的主要优点是运动件少，传动链短，整个机构的刚度大，使凸轮轴更加接近气门，减少了底置式凸轮轴由于凸轮轴和气门之间较大的距离而造成的往返动能的浪费。顶置式凸轮轴的发动机由于气门开闭动作比较迅速，因而转速更高，运行的平稳度也比较好。

（3）凸轮轴传动方式。

凸轮轴与曲轴之间的常见传动方式包括齿轮传动（见图6－1－1）、链条传动（见图6－1－2）以及齿形胶带传动（见图6－1－3）。下置凸轮轴和中置凸轮轴与曲轴之间的传动大多采用圆柱形正时齿轮传动，一般从曲轴到凸轮轴只需要一对齿轮传动，如果传动齿轮直径过大，可以再增加1个中间惰轮。为了啮合平稳并降低工作噪声，正时齿轮大多采用斜齿轮。

链条传动常见于顶置凸轮轴与曲轴之间，但其工作可靠性和耐久性不如齿轮传动。在高转速发动机上广泛使用齿形胶带代替传动链条，但在一些大功率发动机上仍然使用链条传动。齿形胶带具有工作噪声小、工作可靠以及成本低等特点。对于双顶置凸轮轴，一般是排气凸轮轴通过正时齿形胶带或链条由曲轴驱动，进气凸轮轴通过金属链条由排气凸轮轴驱动，或进气凸轮轴和排气凸轮轴均由曲轴通过齿形胶带或链条驱动。

图6－1－1 齿轮传动

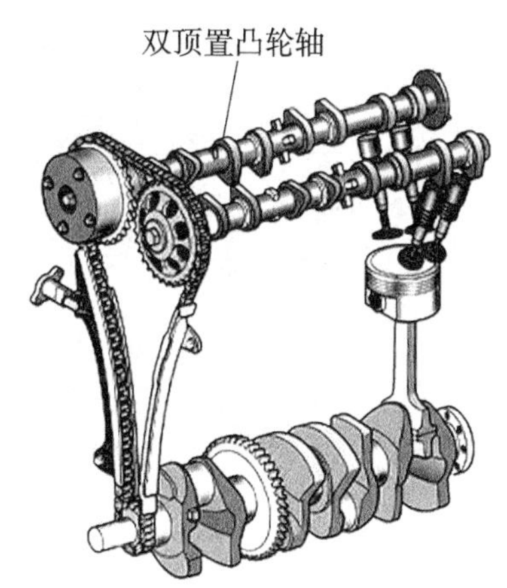

6－1－2 链条传动

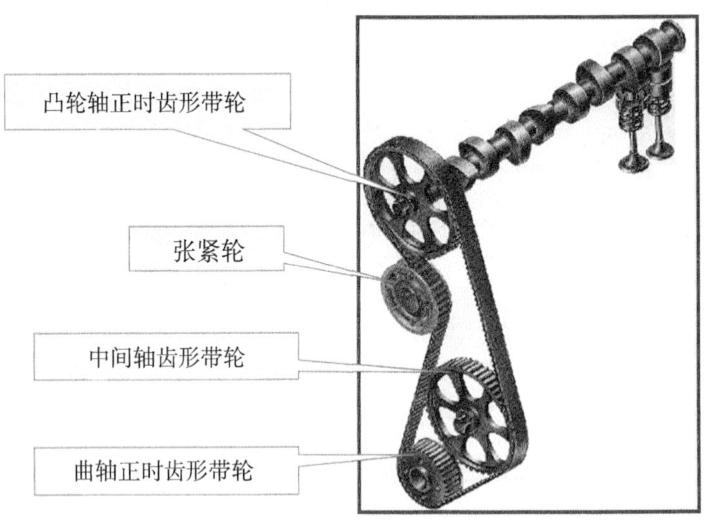

图 6-1-3　齿形胶带传动

二、相关实训准备

桑塔纳 2000AJR 发动机及翻转架、世达工具 150 件、常用工具、工作台等。

任务实施

（1）气门组的安装，如图 6-1-4 所示。

☞操作说明：使用合理工具，按照一定顺序对发动机气门组进行安装，注意相应的标记。

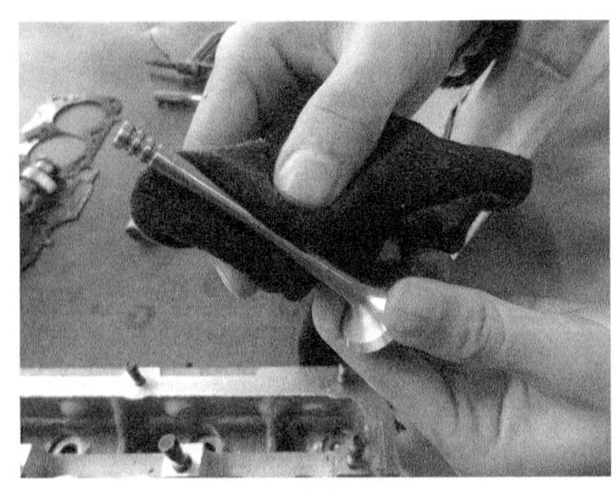
（a）清洁、目视检查气门是否正常

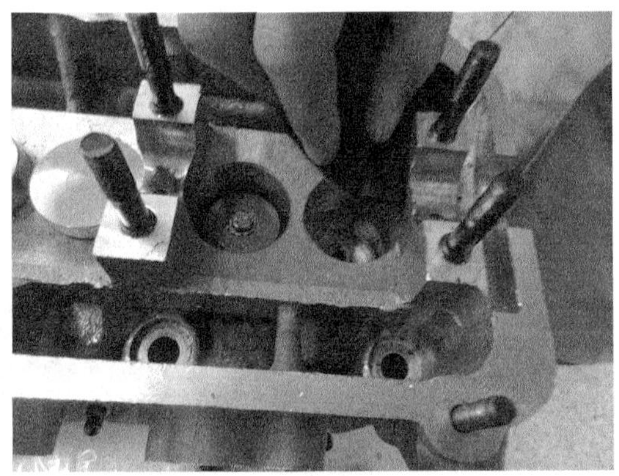
（b）清洁、目视汽缸盖

图 6-1-4　气门组的安装

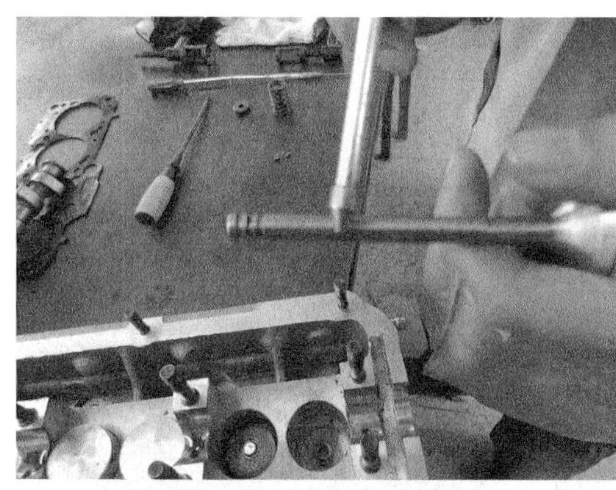
（c）用机油枪润滑气门杆处，涂抹均匀

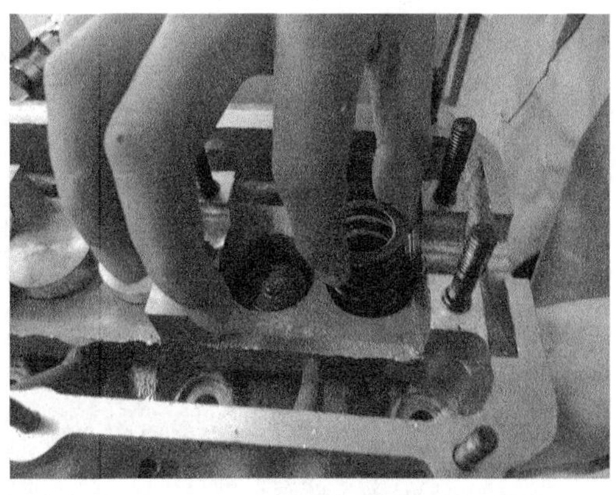
（d）安装气门弹簧

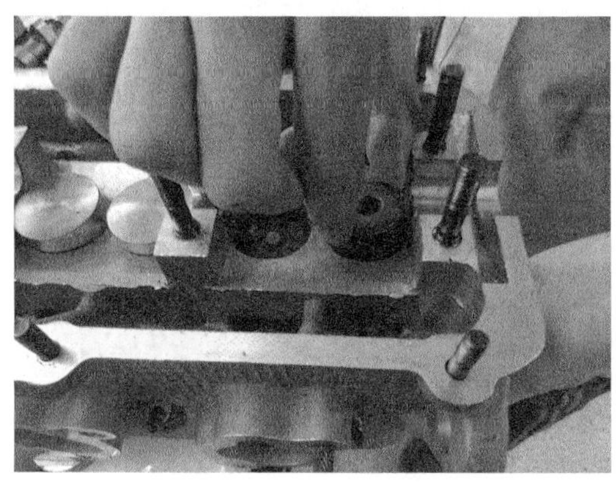
（e）安装气门弹簧座

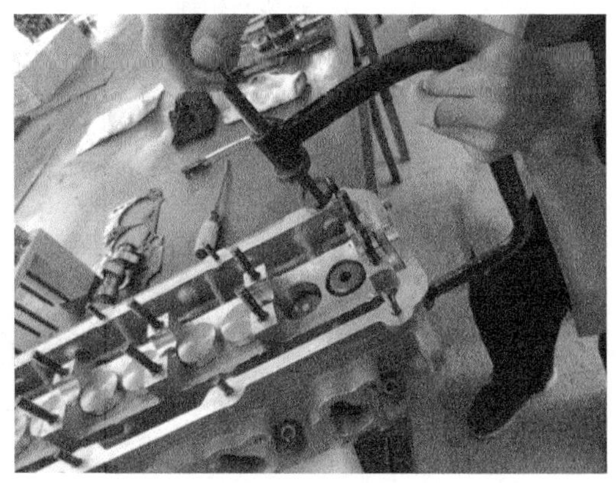
（f）放松并调整气门拆装钳的位置，依次对进、排气门用气门拆装钳将气门弹簧压紧，注意压紧位置

（g）安装气门锁片

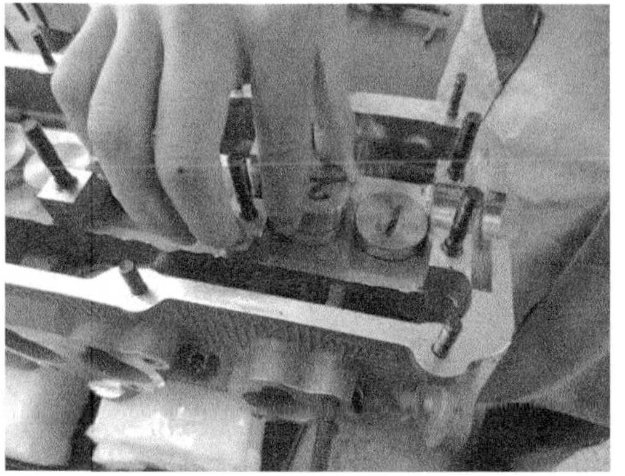
（h）安装气门顶柱

图 6－1－4　气门组的安装（续）

（2）凸轮轴的安装，如图 6－1－5 所示。

☞操作说明：使用合理工具，按照一定顺序对发动机凸轮轴进行安装，注意相应的标记。

（a）安装凸轮轴

（b）润滑凸轮轴

（c）安装凸轮轴轴承盖及螺栓

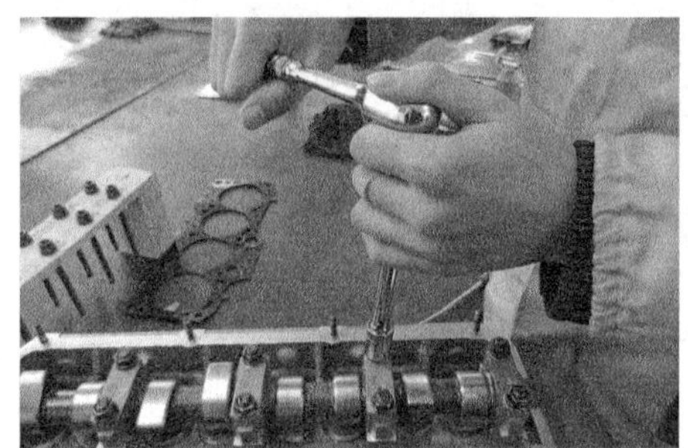
（d）拧紧凸轮轴轴承盖螺栓

图 6－1－5　凸轮轴的安装

任务二　汽缸盖的安装

任务目标

1. 明确发动机汽缸盖的安装
2. 安装工具的使用

任务准备

一、相关知识准备

1. 汽缸盖平面不平度的检修

汽缸盖平面的不平度可用直尺和厚薄规检查（见图 6－2－1）。发动机缸盖平面的不平度，不得超过0.05mm。汽缸盖平面的不平度超过允许使用限度时，会引起发动机漏水、漏气甚至冲坏汽缸垫。在相邻两个燃烧室之间的平面上，不允许有明显的划痕。如超过上述范围应予以修理。其修理方法如下。

（1）汽缸盖平面的不平度在全长上不大于0.20～0.30mm或局部不平时，可用刮研法修复。

（2）汽缸盖不平度较大时，应根据具体情况分别采用磨削或铣削。

汽缸盖不平度较大，采用磨削的方法，磨削量不能超过一定厚度。因磨削量过大，燃烧室容积减小，压缩比增大，会引起发动机爆震。对已经超过规定的缸体、缸盖应该进行磨削修复。由于平面磨削后，缸盖燃烧室容积减少，发动机压缩比会提高，这是有害的，应采用加厚约0.25mm的大修用缸垫来进行弥补，使压缩比保持原规定数值。

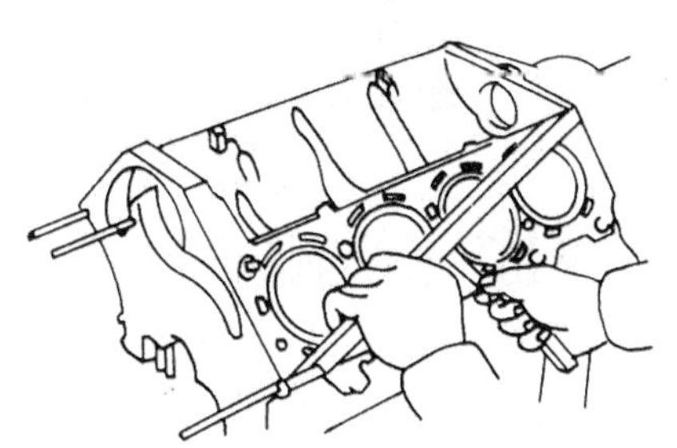

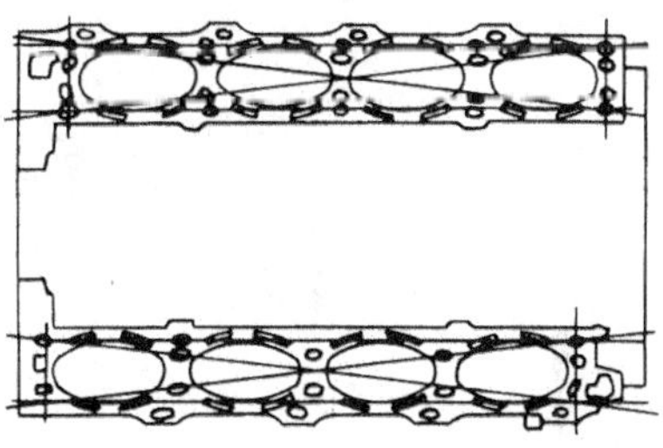

图6－2－1　汽缸平面度测量

2. 汽缸盖裂纹的检修

汽缸盖裂纹一般发生在与汽缸体接合平面、气门导管孔、气门座圈孔、喷油器孔、冷却水套壁等处。可用水压试验、气压试验、着色法和磁力探伤等方法进行检查。

（1）水压试验。同缸体裂纹的检查方法相同。

（2）着色法检查裂纹。把缸盖浸入煤油或煤油的着色溶液（质量份数为65%煤油、30%变压器油、5%松节油加少量红丹油）中，2小时后取出，擦干表面油迹，涂以薄层浆状白粉，然后烘干，如有裂纹会显示黑色（或其他较深颜色）线条。

（3）气压试验。采用气压试验检查时，汽缸盖必须浸入水中，根据冒出水面的气泡来检查裂纹的位置。可以用138～207kPa的压缩空气通过要检查的通道，保持压力持续时间为30秒，检查在这一时间内有无漏气现象发生。

缸盖内部如有严重磨损、损坏和裂纹应予以报废。修理有裂纹的汽缸盖，要根据裂纹的大小、产生的部位和汽缸盖的材质而定。通过各种检验，一旦发现汽缸盖底面和其他部位有裂纹时，不管是多么细小的裂纹，都要用钳工锉、砂轮或油石等工具进行彻底清除，否则这些小裂纹就会很快扩展，以致裂穿。对于汽缸盖上的细小裂纹，经过处理可以彻底消除的，可以继续使用。如果裂纹比较严重，则只能更换新的汽缸盖。

二、相关实训准备

桑塔纳 2000AJR 发动机及翻转架、世达工具 150 件、常用工具、工作台等。

任务实施

（1）汽缸盖的安装，如图 6－2－2 所示。

☞操作说明：使用合理工具，按照一定顺序对发动机汽缸盖进行安装，注意相应的标记。

（a）检查清洁汽缸体

（b）需要更换新的汽缸垫，确认汽缸垫安装面，安装汽缸垫

（c）安放汽缸盖

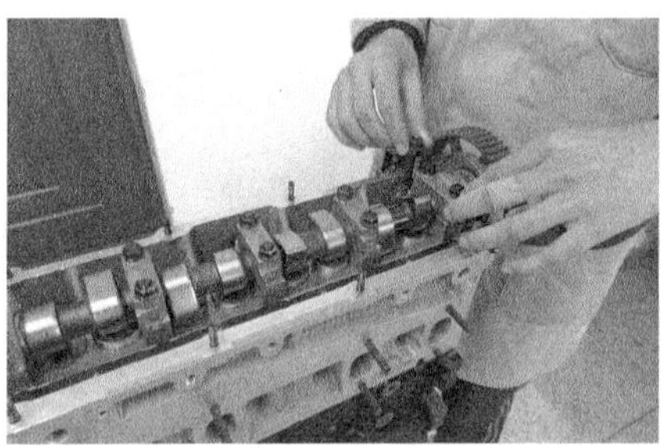

（d）放入缸盖螺栓

（e）用手预紧汽缸盖螺栓至拧不动为止

（f）缸盖螺栓标准力矩为 40N·m，扭力扳手按规定的顺利拧紧

图 6－2－2　汽缸盖的安装

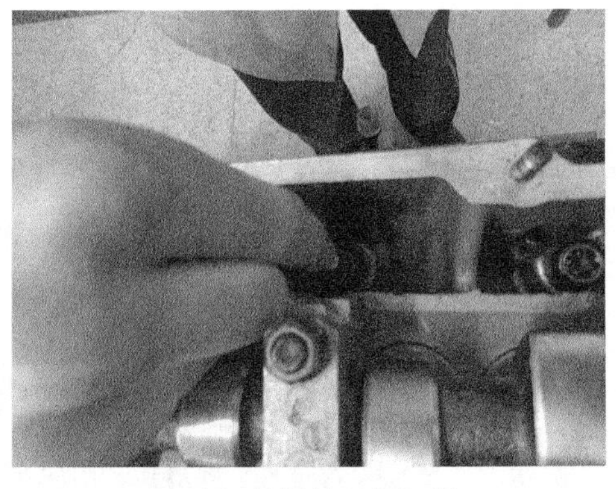
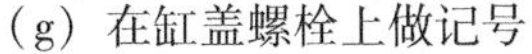

（g）在缸盖螺栓上做记号

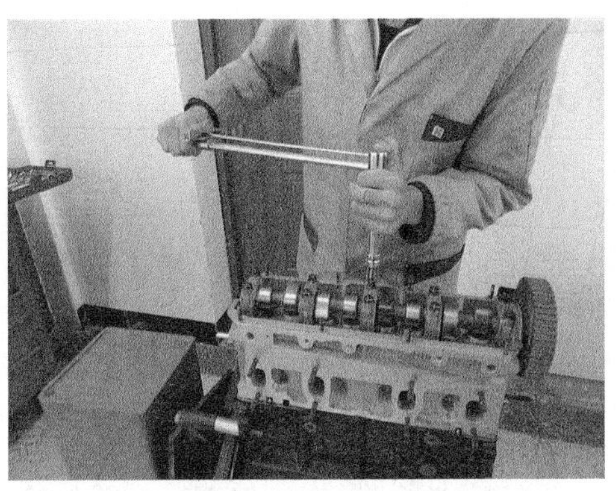

（h）拧转汽缸盖螺栓 180°

图 6－2－2　汽缸盖的安装（续）

（2）汽缸盖罩的安装，如图 6－2－3 所示。

☞操作说明：使用合理工具，按照一定顺序对发动机汽缸盖罩进行安装，注意相应的标记。

（a）安装挡油板

（b）安装密封垫

（c）安装气门室罩盖

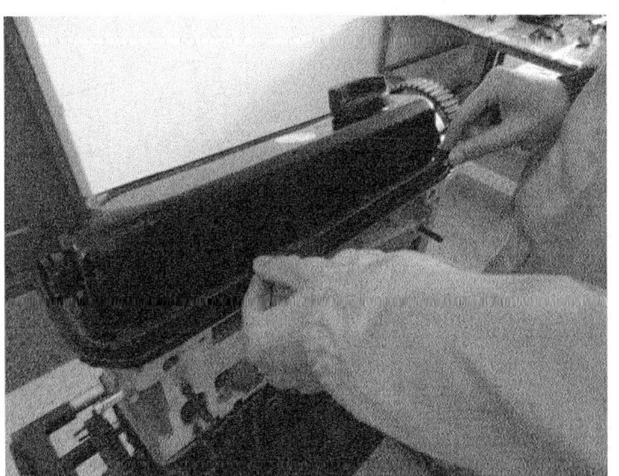

（d）安装气门室罩盖压条

图 6－2－3　汽缸盖罩的安装

(e_1) 安装支架

(e_2) 安装支架

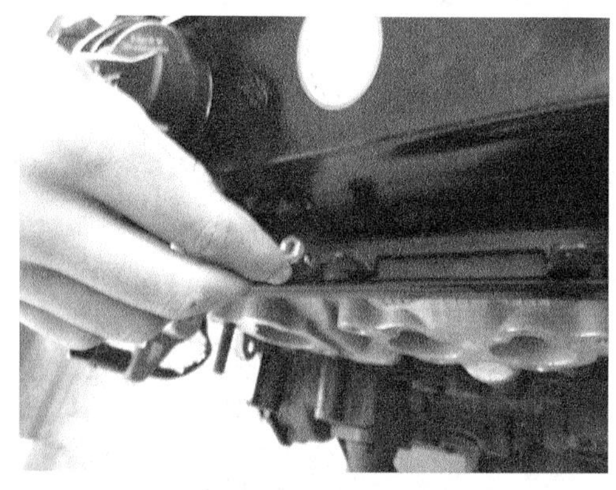

(f) 安装气门室罩盖螺栓

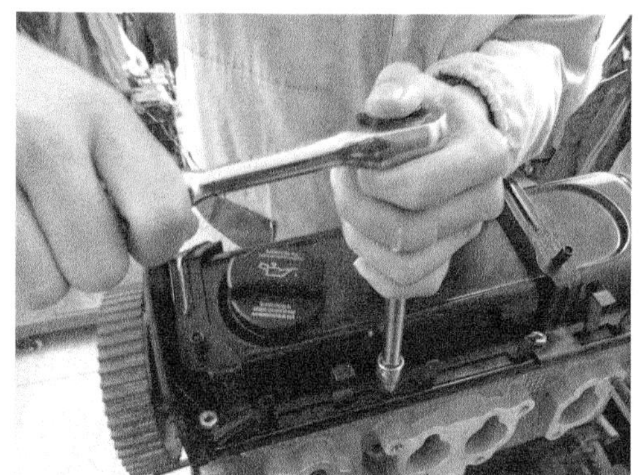

(g) 拧紧气门室罩盖螺栓

图6-2-3 汽缸盖罩的安装(续)

任务三 正时皮带的安装

任务目标

1. 明确发动机正时皮带的安装步骤
2. 安装工具的使用

任务准备

一、相关知识准备

1. 正时皮带历史

正时皮带于20世纪60年代首次出现,大多数用于四缸车,并越来越多应用于V6

发动机上。正时带最初应用于凸轮顶置发动机上，与传统正时链相比，正时皮带更易损坏。

2. 正时皮带的定期维护

当今，随着汽车先进程度越来越高，维修的工作量将逐渐减少。于是，车主们往往认为他们的车辆基本不需要修理。而各汽车制造商明确规定了正时皮带进行常规检查及更换的周期，作为专业维修技师，应该将这一点向车主讲明：作为定期维护、全面检查的一项内容，正时皮带的维护应该加在定期维护的程序中。如果忽视了这一点，没有定期检查、及时更换有故障的正时皮带，可能会导致严重的后果。不同于附属装置的驱动皮带，它们很容易被看到而且易于检查。而正时皮带往往隐藏在一个盖子后面，要依据发动机及发动机舱的布置才能触及到。然而，在多数情况下，正时皮带上的盖子，至少盖子的上半部，是可以拆下或者移开的，便于车主你能仔细地检查及更换皮带。检查时，如果看到的不是保养良好、张紧适度的皮带，就应该及时把它更换掉。

3. 正时皮带的破裂检查

正时皮带破裂时，如果皮带被咬住，那么气门停在打开状态，同时发动机停止运转；破裂时如果发动机是空转，就意味着在行程顶部的活塞与张开的气门之间存有空隙。这两种情况下的破裂和损坏的只是正时皮带本身。但是，如果发动机是“过盈配合”设计，活塞和气门占据着相同空间，它们之间没有间隙，那么很快就会损坏其他部件，如气门被弯曲，活塞受冲压等。

正时皮带没有破裂，并不意味着它没有问题。随着皮带越用越旧，它拉伸的程度势必超过张紧装置能够补偿的范围，因而产生正时链轮打滑现象。而轮齿磨损、有润滑油附着等也会导致打滑。检查时，如果皮带有硬度降低、磨蚀、纤维断裂或者裂纹、裂缝的现象，就表明皮带已破损，不能继续使用。接下来，检查链轮故障。损坏的链轮能“烧毁”皮带材料，并加剧皮带齿磨损。链轮故障还可能使气门机构对正时皮带产生更大的阻力。

二、相关实训准备

桑塔纳 2000AJR 发动机及翻转架、世达工具 150 件、常用工具、工作台等。

任务实施

(1) 正时皮带的安装，如图 6－3－1 所示。

☞操作说明：使用合理工具，按照一定顺序对发动机正时皮带进行安装，注意相应的标记。

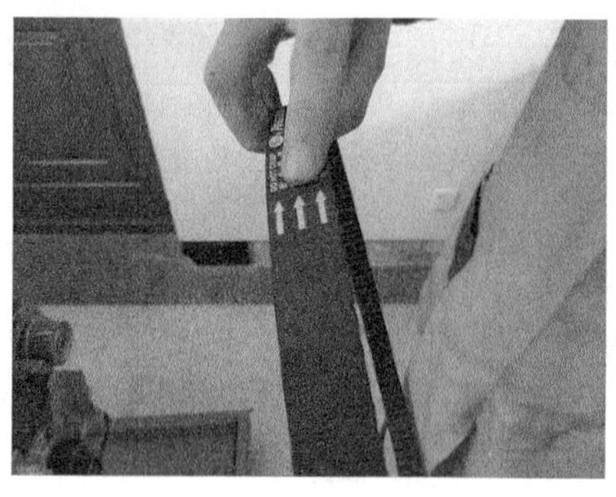

(a) 检查正时皮带旋转方向

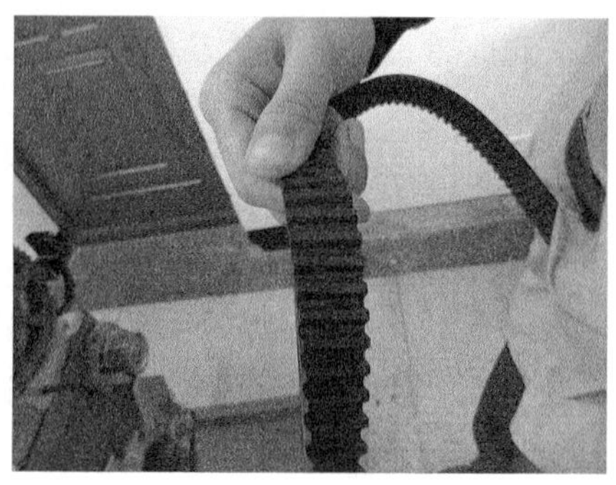

(b) 检查正时皮带老化情况

(c) 将正时皮带套入曲轴正时齿轮内

(d) 装上张紧器，拧入螺母

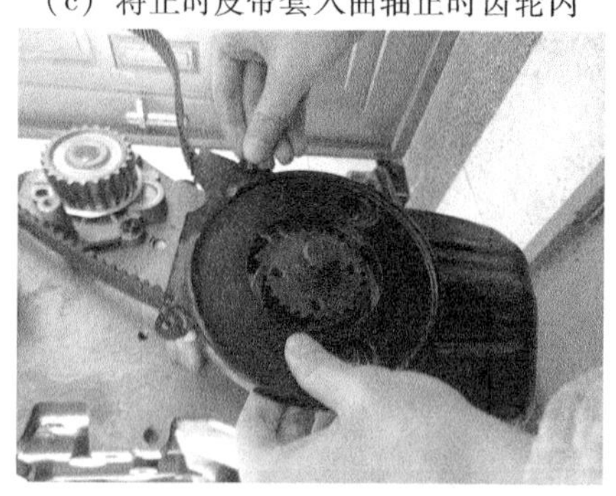

(e) 安装正时皮带下防护罩

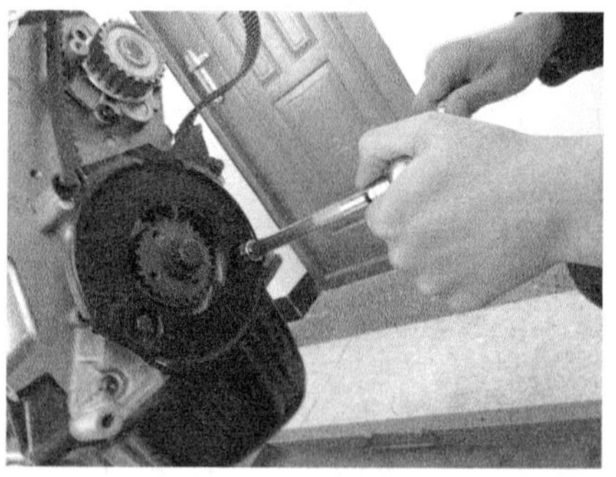

(f) 用手预紧正时皮带下防护罩螺栓

(g) 安装曲轴皮带盘

(h) 用手预紧曲轴皮带盘螺栓

图 6-3-1 正时皮带的安装

（i）确认曲轴皮带盘正时记号

（j_1）确认凸轮轴正时记号

（j_2）确认凸轮轴正时记号

（k_1）安装正时皮带

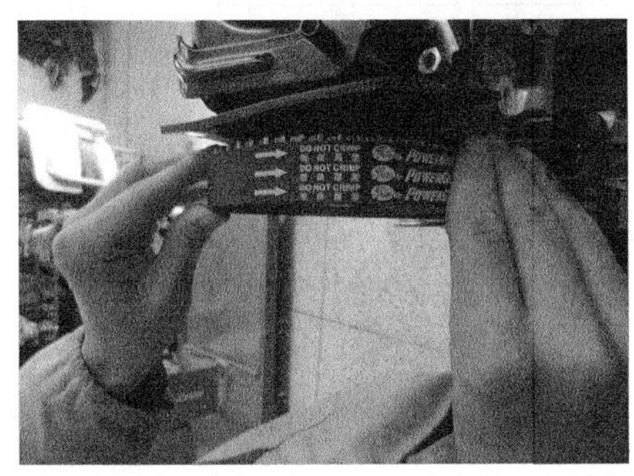

（k_2）安装正时皮带

（l）调整正时皮带张紧度

（m）检查用拇指和食指翻动右侧皮带处90°左右

（n_1）安装正时皮带中防护罩

图6－3－1　正时皮带的安装（续）

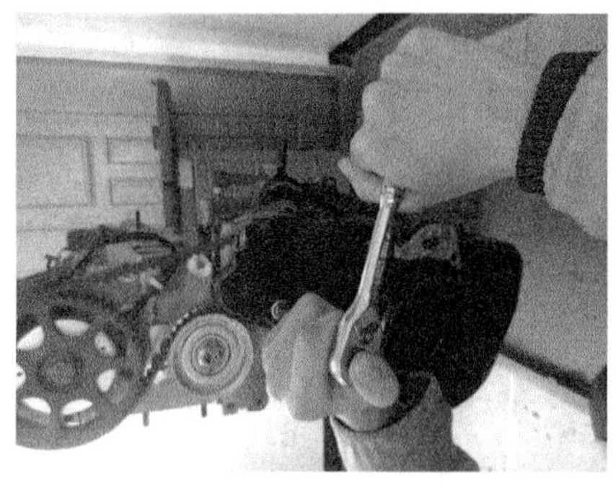

（n_2）安装正时皮带中防护罩

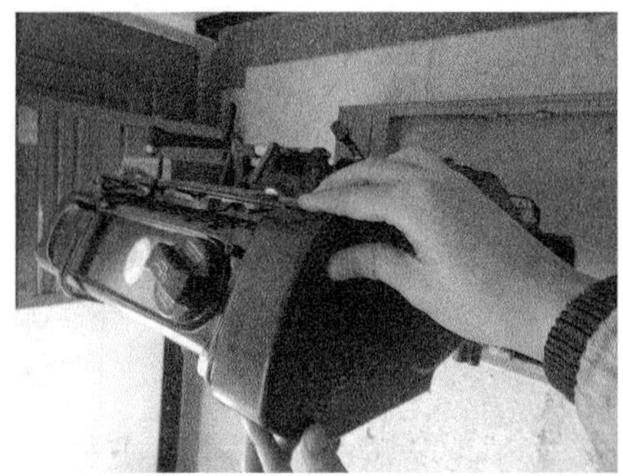

（o）安装正时皮带上防护罩

图 6－3－1　正时皮带的安装（续）

（2）配气机构及汽缸盖的装配作业如下表所示。

AJR 发动机拆装项目作业表——配气机构及汽缸盖的装配

安装气门	1	清洁气门
	2	清洁气门座
	3	清洁汽缸盖表面
	4	组合气门拆装专用工具
	5	安装第一只气门
	6	安装第一只气门弹簧
	7	安装第一只气门弹簧座
	8	用气门拆装专用工具压缩气门弹簧
	9	安装气门锁片
	10	放松气门弹簧
	11	确认两块锁片已安装到位（采用合适工具检查）
	12	还原气门拆装专用工具
安装汽缸盖	1	使第一缸活塞处于上止点位置
	2	确认汽缸垫正反面、要点：注意汽缸垫正反
	3	清洁汽缸盖、汽缸体、汽缸盖螺栓孔（可以采用口述），安装汽缸垫
	4	安放汽缸盖 要点：不应该发生冲击现象
	5	放入缸盖螺栓 要点：螺栓不得互换
	6	预紧缸盖螺栓
	7	拧紧缸盖螺栓至 40N · m（本次考试的扭矩设置为 20N · m） 要点：顺序为： 1 7 9 6 4 / 3 5 10 8 2 （图中数字为先后顺序）
	8	在缸盖螺栓上做记号（可以采用口述）
	9	拧转缸盖螺栓 180°（可以采用口述）

续　表

安装液压挺柱	1	清洁润滑液压挺柱（可以采用口述）
	2	安装液压挺柱 要点：液压挺杆应按顺序安装，不得混淆
安装凸轮轴	1	安装凸轮轴 要点：安装前应使凸轮轴处于第一缸压缩上止点位置（上八字）
	2	放上凸轮轴轴承盖，并带上螺母 要点：安装轴承盖前应检查位置记号和方向记号
	3	预紧 2、4 道轴承盖紧固螺母 要点：应对角、分次加紧
	4	拧紧 2、4 道轴承盖紧固螺母 要点：应对角拧紧
	5	预紧 3、5、1 道轴承盖紧固螺母 要点：逐道分次拧紧
	6	拧紧 3、5、1 道轴承盖紧固螺母
安装机油反射罩		
安装气门室罩盖	1	安装密封垫
	2	安装气门室罩盖
	3	安装压条
	4	安装半圆罩
	5	安装发动机盖板支架
	6	带上气门室罩盖螺母
	7	预紧气门室罩盖螺母
	8	拧紧气门室罩盖螺母 要点：紧固螺母应按由中间到两边，对角线紧固
安装水泵	1	安装水泵
	2	预紧水泵螺栓
	3	拧紧水泵螺栓 要点：应分次紧固
安装后防护罩	1	预紧正时皮带后防护罩螺栓
	2	拧紧正时皮带后防护罩螺栓
装上张紧器		
将正时皮带套入曲轴正时齿轮内 要点：注意正时皮带旋转方向，正时皮带须沿水泵侧拉紧		
安装下防护罩	1	安装正时皮带下防护罩
	2	预紧正时皮带下防护罩螺栓
	3	拧紧正时皮带下防护罩螺栓

续 表

<table>
<tr><td rowspan="3">安装正时皮带盘</td><td>1</td><td>安装曲轴皮带盘
要点：安装标记</td></tr>
<tr><td>2</td><td>预紧曲轴皮带盘螺栓</td></tr>
<tr><td>3</td><td>拧紧曲轴皮带盘螺栓</td></tr>
<tr><td rowspan="2">确认记号</td><td>1</td><td>确认曲轴皮带盘正时记号</td></tr>
<tr><td>2</td><td>确认凸轮轴正时记号</td></tr>
<tr><td rowspan="6">安装正时皮带</td><td>1</td><td>安装正时皮带</td></tr>
<tr><td>2</td><td>使张紧器定位块嵌入缸盖水道闷盖内</td></tr>
<tr><td>3</td><td>调整正时皮带张紧度
要点：张紧器调节方向应与箭头一致；旋紧张紧器后指针与缺口应重叠</td></tr>
<tr><td>4</td><td>紧固张紧器螺母</td></tr>
<tr><td>5</td><td>确认皮带张紧度
要点：能用拇指和食指翻动右侧皮带处90°左右</td></tr>
<tr><td>6</td><td>旋转曲轴两圈，检查正时皮带安装情况
要点：错误应能及时提出</td></tr>
<tr><td rowspan="4">安装正时皮带中防护罩</td><td>1</td><td>安装正时皮带中防护罩</td></tr>
<tr><td>2</td><td>预紧正时皮带中防护罩螺栓</td></tr>
<tr><td>3</td><td>拧紧正时皮带中防护罩螺栓</td></tr>
<tr><td>4</td><td>安装正时皮带上防护罩</td></tr>
<tr><td colspan="3">清洁工作区</td></tr>
<tr><td colspan="3">整理工具</td></tr>
</table>

注：本发动机的霍尔传感器及空调压缩机已预先拆除。

项目七　发动机外围附件的安装

学习任务

任务一　发动机两侧附件的安装

任务二　发动机前端附件的安装

建议学时

12 学时

任务一　发动机两侧附件的安装

任务目标

1. 明确发动机两侧附件的安装步骤
2. 两侧附件的位置

任务准备

一、相关知识准备

1. 电控汽油喷射系统

电控汽油喷射系统，顾名思义就是由发动机控制单元 ECU（Engine Control Unit）控制汽油机燃油喷射时刻、喷射脉宽和喷射规律的系统。由于汽油易于挥发的特性，汽缸外部形成均质的可燃混合气，因此在很长时间内，燃料供给采用了装在进气总管上的化油器供给方式。这种燃料供给系统由于不能根据不同工况精确控制混合器的空燃比，因此被电控汽油喷射方式所取代。

（1）汽油机电控系统的组成。

现代车用汽油机电控系统的种类与型号很多，但结构与原理均大同小异，它们也和柴油燃料供给系统的电子控制一样分为传感器（Sensor）、电控单元（ECU）与执行器（Actuator）三部分。电控汽油喷射系统主要由空气系统、燃料系统和控制系统三大部分组成，电子控制式燃油喷射系统如图 7－1－1 所示。

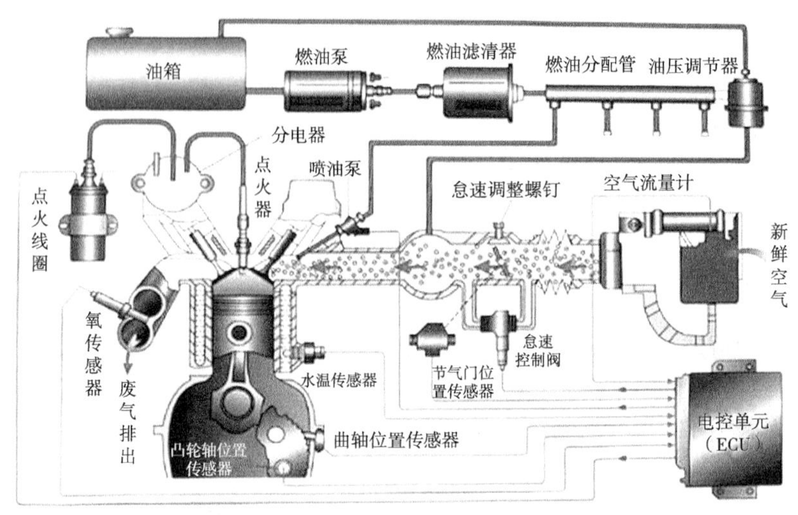

图 7－1－1　电子控制式燃油喷射系统

（2）电控汽油喷射系统分类。

①按进气流量的测试方式分类：根据进气流量的测试方式不同可分为质量控制式、速度—密度式和节气门—速度式三种。根据所用的空气流量计的不同，质量流量式又分为热线式、板式和卡门涡式三种。

②按喷油器喷射位置分类：根据喷油器喷射位置不同又分为缸内直喷式和进气道喷射式两种。进气道喷射式，根据喷油器安装位置又分为单点喷射和多点喷射两种。多点喷射系统是指每缸进气门处装有一个中央喷射装置，由 ECU 控制喷射，其燃油分配均匀性好，但控制系统复杂，成本高，主要用于中、高级轿车；单点喷射系统是指在节气门上方装一个中央喷射装置，由 1～2 个喷油器集中喷油，采用顺序喷射方式，结构简单，故障少，维修调整方便，广泛地应用于普通轿车和货车。

③按喷油器喷射时期分类：目前已经普及的电控汽油喷射系统，其喷射方式采用间歇式。间歇式喷射方式根据喷油器喷射时期的不同又分为同期喷射和非同期喷射。同期喷射方式包括顺序喷射、同时喷射和分组喷射。顺序喷射是指各喷油器由电脑分别控制，按发动机各汽缸的工作顺序喷油。同时喷射是指将各汽缸的喷油器并联，所有喷油器由电脑的同一个指令控制，同时喷油、同时断油。分组喷射是指将各汽缸的喷油器分成几组，同一组喷油器同时喷油或断油。

④按有无信号分类：开环控制系统（无氧传感器）是指通过实验室确定的发动机各工况的最佳供油参数预先存入电脑，在发动机工作时，电脑根据系统中各传感器的输入信号，判断自身所处的运行工况，并计算出最佳喷油量。其精度直接依赖于所设定的基准数据和喷油器调整标定的精度。当使用工况超出预定范围时，不能实现最佳控制。

闭环控制系统（有氧传感器）是指在系统中，发动机排气管上加装了有氧传感器，根据排气中含氧量的变化，判断实际进入汽缸的混合气空燃比，再通过电脑与设定的目标空燃比进行比较，并根据误差修正喷油量。空燃比控制精度较高。

2. 燃料供给系统

汽油机燃料供给系统的任务是根据发动机各种不同工况的要求，配制出一定数量和浓度的可燃混合气，供入汽缸，使之在临近压缩终了时点火燃烧而膨胀做功。最后，供给系统还应将燃烧产物——废气排入大气中。

（1）燃油供给系统组成。

包括油箱、油管、燃油泵、燃油滤清器、燃油压力调节器、喷油器、冷启动喷油器、油压脉冲衰减器、进气管、排气管等。

（2）燃料供给系统结构部件。

汽车燃油箱是汽车油箱的全称。当前，随着汽车工业的发展和国内汽车工业的振兴，各大汽车生产企业对汽车燃油箱的需求呈明显增长趋势。

①油箱。

汽车燃油箱按种类划分，大致可以分为金属汽车燃油箱（包括铁制油箱、铝制油箱、铝镁合金燃油箱等）和其他汽车燃油箱（包括塑料汽车燃油箱，如图 7 -1 -2 所示）以及其他合成金属燃油箱等。

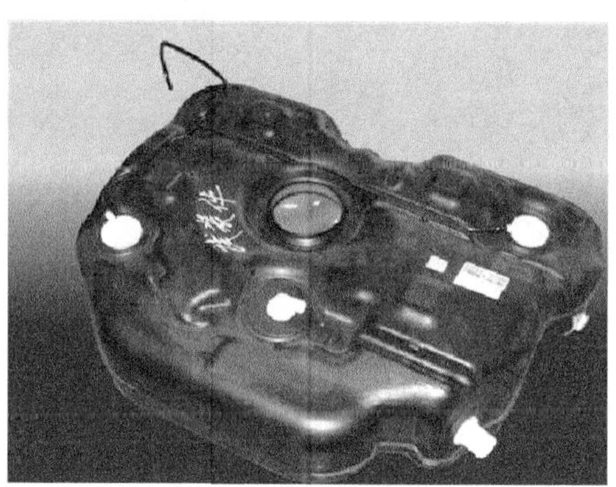

图 7 -1 -2　塑料汽车燃油箱

②电动汽油泵。

A. 作用：将汽油增压，并源源不断地泵入供油管道。供应超额油量至分油盘以维

持喷射系统的工作压力，一般装在油箱附近。

B. 结构：电动燃油泵的结构由泵体、永磁电动机和外壳三部分所组成。永磁电动机通电即带动泵体旋转，将燃油从进油口吸入，流经电动燃油泵内部，再从出油口压出，供给燃油系供油。燃油流经电动燃油泵内部，对永磁电动机的电枢起到冷却作用，又称湿式燃油泵。

电动燃油泵的电动机部分包括固定在外壳上的永久磁铁和产生电磁力矩的电枢以及安装在外壳上的电刷装置。电刷与电枢上的换向器相接触，其引线接到外壳上的接柱上，将控制电动燃油泵的电压引到电枢绕组上。电动燃油泵的外壳两端卷边铆紧，使各部件组装成一个不可拆卸总成。

燃油泵的附加功能由安全阀和单向阀完成。安全阀可以避免燃油管路阻塞时压力过分升高，而造成油管破裂或燃油泵损伤现象发生。单向阀设置目的，是为了在燃油泵停止工作时密封油路，使燃油系统保持一定残压，以便发动机下次启动容易。

泵体是电动燃油泵泵油的主体，根据其结构不同可分为滚柱式和平板叶片式。最常见的是滚柱式电动燃油泵。电动燃油泵安装在燃油箱外，还有少数车型在燃油箱内、外各安装一个电动燃油泵，两者串联在油路上。

C. 不同类型的电动汽油泵：

a. 滚柱式电动汽油泵如图 7－1－3 所示。

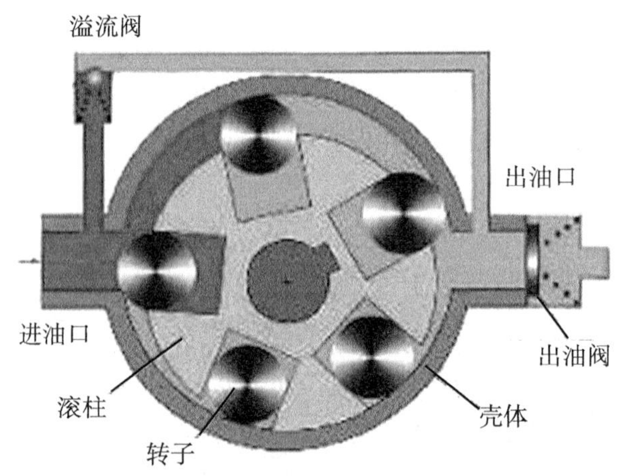

图 7－1－3　滚柱式电动汽油泵

滚柱式电动汽油泵由壳体、圆柱形滚柱和转子等组成。五个滚柱在转子的槽内可径向滑动，转子与壳体存在一定的偏心。转子在直流电动机的驱动下旋转，在离心力的作用下，滚柱紧压在泵体的内圆表面上，形成五个相对独立的密封腔。旋转时，每个密封腔的容积不断发生变化，在进油口时，容积增大，形成一定的真空，将经过过滤的汽油吸入泵内。在出油口处，容积变小，压力升高，汽油穿过直流电动机推开单向阀输出。当输油管路发生堵塞或汽油滤清器堵塞时，汽油压力超过规定值，限压阀打开，汽油流回进油侧，发动机熄火。

b. 叶片式汽油泵如图 7－1－4 所示。

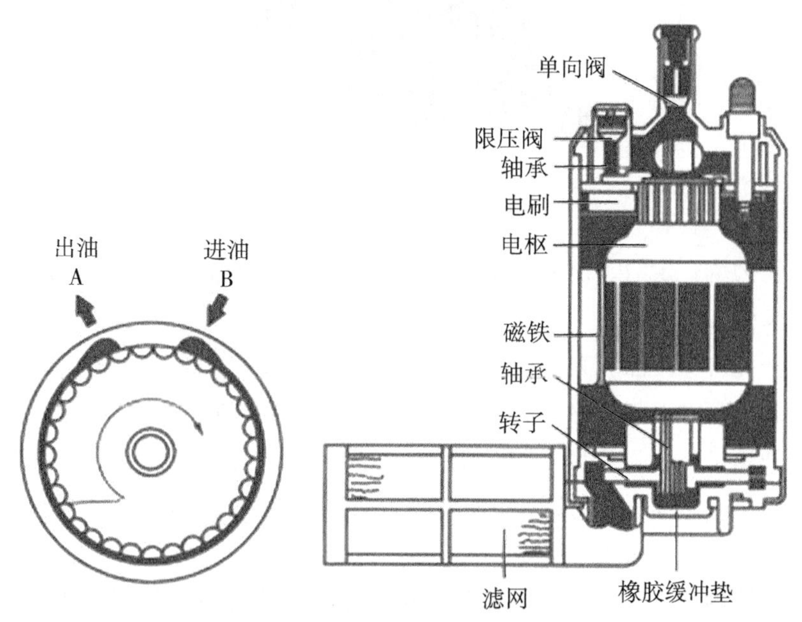

图 7－1－4　叶片式汽油泵

叶片泵由转子槽内的叶片与泵壳（定子环）相接触，将吸入的液体由进油侧压向排油侧的泵。

c. 齿轮式汽油泵。

齿轮泵是容积泵的一种，由两个齿轮、泵体与前后盖组成两个封闭空间，当齿轮转动时，齿轮脱开侧的空间的体积从小变大，形成真空，将液体吸入，齿轮啮合侧的空间的体积从大变小，而将液体挤入管路中去。吸入腔与排出腔是靠两个齿轮的啮合线来隔开的。

③燃油滤清器。

汽油滤清器（见图 7－1－5）主要功能是滤除汽油中的杂质。汽油滤清器过脏或堵塞的主要表现为：加油门时，动力起来较慢，或起不来，汽车启动困难，有时候要打火 2～5 次才能打着。多数发动机上装的都是一次性不可拆洗式的纸质滤芯汽油滤清器，更换周期一般为 10000 千米，如果加的汽油杂质少，15000～20000 千米更换一个也问题不大。滤清器有进出油口箭头标记，更换时切勿装反。

④燃油压力调节器。

燃油压力调节器（见图 7－1－6）简称回油阀，它是燃油系统内部的燃油压力调节部分，受系统油压与进气支管压力（负压）的控制。它的作用是要自动保持整个油压

图 7-1-5 汽油滤清器

系统的燃油压力为一定值，使供油总管内油压与进气支管压力之差为一定恒值（一般为 250 ~ 300kPa）。

它的工作原理是：油压大小由弹簧和气室真空度二者协调，当油压高过标准值时，高压燃油会顶动膜片上移，球阀打开，多余的燃油会经回油管反流油箱；当压力低过标准值时，弹簧会下压膜片将球阀关闭，停止回油。压力调节器的作用就是保持油路内的压力保持恒定，油压过低则喷油器喷油太弱或不喷油，油压太高则使油路损毁或喷油器损坏。

压力调节器内部有一个膜片，起到控制压力阀打开关闭的作用，油压低于一定值时，压力阀关闭，由油泵加压使油路内压力增加，当增加到超过规定压力后，膜片打开，过压的燃油通过回油管路流回油箱，起到减压的作用。

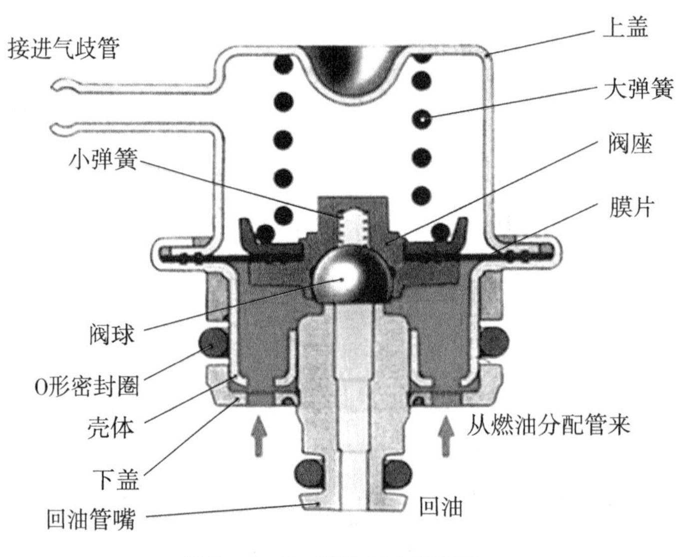

图 7-1-6 燃油压力调节器

⑤喷油器。

喷油器（见图 7-1-7）接受 ECU 送来的喷油脉冲信号，精确地控制燃油喷射量。

喷油器是一种加工精度非常高的精密器件，要求其动态流量范围大，抗堵塞和抗污染能力强以及雾化性能好。

A. 喷油器结构：喷油器安装在分配油管和进气歧管之间。上胶圈——防止漏油，下胶圈——防止漏油和漏气（外界大气被吸入进气歧管），隔热垫——隔热作用，某些车喷油器下端只有一个胶垫，既起密封作用又起隔热作用。

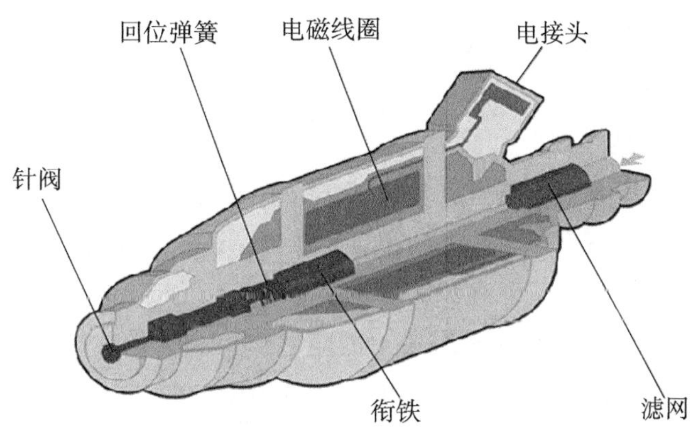

图7－1－7 喷油器

B. 喷油器工作原理如图7－1－8所示。

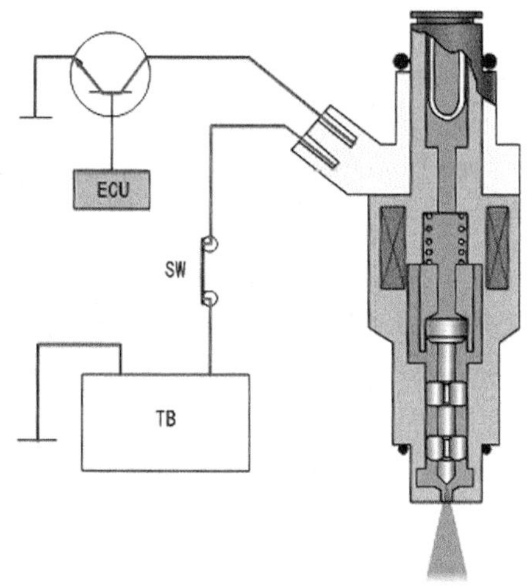

图7－1－8 喷油器工作原理

注：ECU为控制单元，SW为开关，TB为蓄电池。

分配油管的压力汽油经过滤网后进入喷油器，在复位弹簧的作用力下，针阀处于关闭状态，喷油器不能喷油；当ECU控制喷油器的电磁线圈通电后，电磁线圈产生的磁场带动衔铁、针阀上移，针阀打开，喷油器喷油。一般喷油器针阀升程约为0.1mm。

喷油器电磁线圈引出两根线：一个是电源，在打开点火钥匙后供给12V电压；另一个由电子控制单元控制。当喷油器需要打开喷油时，电子控制单元ECU控制此线搭铁，电磁线圈内有电流通过，喷油器打开喷油。每次ECU控制喷油器电磁线磁通电的时间被称为喷油脉宽，为2～10毫秒范围内。

3. 空气供给系统

（1）空气供给系统功用。

供给与发动机负荷相适应的清洁空气，直接和间接计量空气质量，与喷油器喷出的汽油形成最佳混合气。

（2）空气供给系统组成。

空气供给系统由空气计量装置（空气流量计或进气压力传感器）、怠速控制阀、补充空气阀、惯性增压进气系统、节气门位置传感器、进气温度传感器等组成。

①翼片式空气流量计工作原理如图7－1－9所示。

缓冲片是起到缓冲室内空气对缓冲片的阻尼作用，使翼片转动平稳；旁通空气调节螺钉是用来调节怠速时旁通空气量的大小，从而调节怠速混合气的成分；电位计将翼片转动的角度转换为电信号。

工作原理翼片全关时，没有进气量，产生电压信号最强翼片打开时，进气量由小变大，产生电压信号有强变弱；翼片全开时，进气量最大，产生电压信号最弱。

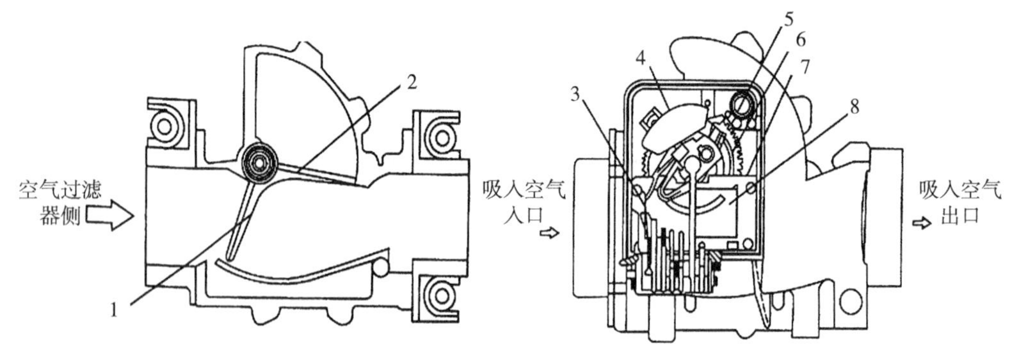

图7－1－9　翼片式空气流量计工作原理

1—测量叶片；2—缓冲叶片；3—燃油泵开关；4—平衡配重；5—调整齿圈；6—回位弹簧；7—电位计；8—印刷电路板

②卡门旋涡式空气流量计。

A. 光电式如图7－1－10中（a）所示。

其原理是：流体流过涡流发生体时，流体会产生系列旋涡，且旋涡频率与流体流速成正比。光电式传感器由发光二极管、振动反光镜、光敏二极管组成。旋涡频率通过压力孔使振动反光镜振动，光敏三极管接受因振动产生变化的光能，转化为脉冲电压信号，该脉冲信号与旋涡频率成正比。

B. 超声波式如图 7－1－10 中（b）所示。

其原理是：由超声波发射器、超声波接收器组成。旋涡频率使超声波发射器产生的超声波发生变化，超声波接收器接收该超声波转化为脉冲电压信号，该脉冲信号与旋涡频率成正比。

卡门旋涡式空气流量计集成有三个元件，即空气流量计、进气温度传感器和大气压力传感器。

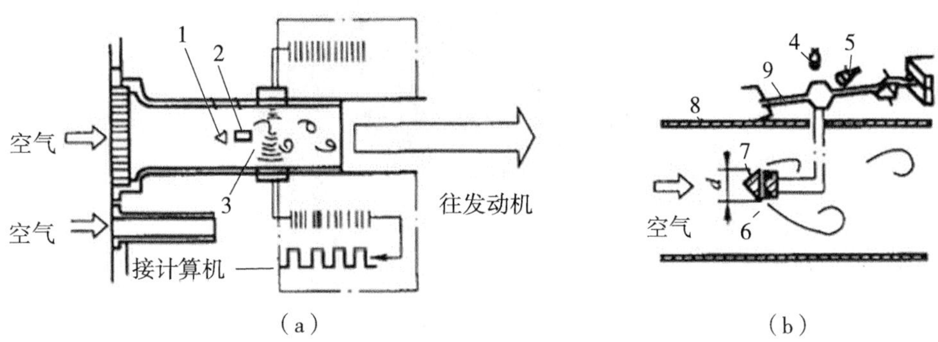

图 7－1－10　卡门旋涡式空气流量计

1—涡流发生器；2—稳定板；3—卡门旋涡；4—LED（发光二极管）；5—PIN（光电晶体管）；6—导压孔；7—涡流发生器；8—进气歧管；9—全波段

③热线式空气流量计。

热线式空气流量计如图 7－1－11 所示，一般还带有自洁电路：熄火后自动加热帕丝到 1000°C 维持 1 秒，烧掉帕丝上的灰尘。

它的工作原理是：控制电路自动控制电桥平衡，当进气量增大，因进气的散热使帕热丝电阻减小，电桥平衡受到破坏。控制电路自动增大电流，增大帕热丝电阻使电桥重新恢复平衡。因电路中电流的增大，使精密电阻的电位增大。该电位与进气量成正比，作为进气量信号电压传输给发动机 ECU。

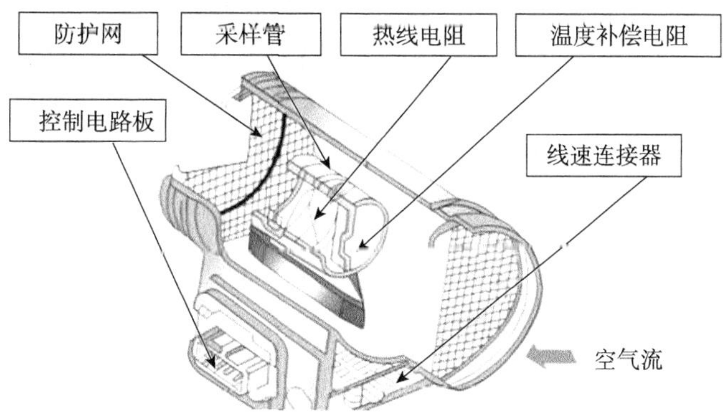

图 7－1－11　热线式空气流量计

④热膜式空气流量计如图 7－1－12 所示。

热膜式空气流量计的组成及工作原理与热线式空气流量计相同。热膜是由帕金属片固定在树脂薄膜上。其优点是提高可靠性和耐用性，不黏附灰尘。

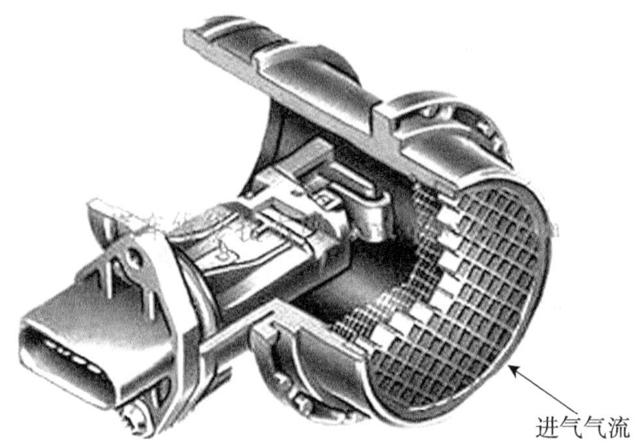

图 7－1－12　热膜式空气流量计

⑤进气压力传感器如图 7－1－13 所示。

进气压力传感器的主要特点：尺寸小、精度高、成本低，响应速度快，输出信号与进气歧管绝对压力呈线性关系，测量精度基本不受温度的影响。

进气压力传感器的工作原理：进气歧管压力越高，即真空度越低，则硅膜片变形越大，那么应变电阻变化越大，电信号放大输出给发动机 ECU。

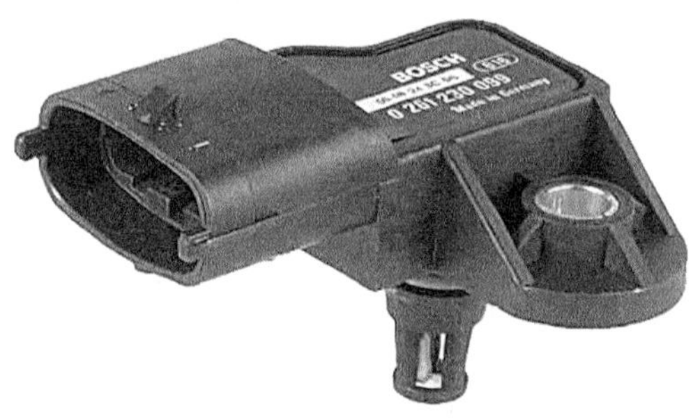

图 7－1－13　进气压力传感器

⑥怠速控制阀如图 7－1－14 和图 7－1－15 所示。

怠速进气量的控制方法有旁通空气式和节气门直动式等。旁通空气式的特点是怠速时，节气门完全关闭，怠速进气量由怠速控制阀控制的旁通空气道提供，怠速控制阀的类型有步进电机型、旋转电磁阀型、占空比控制电磁阀型和开关控制电磁阀型；节气门直动式的怠速进气量由节气门较小的开度提供，不设旁通空气道。节气门在怠速状态的开度大小由发动机 ECU 通过怠速电机控制。

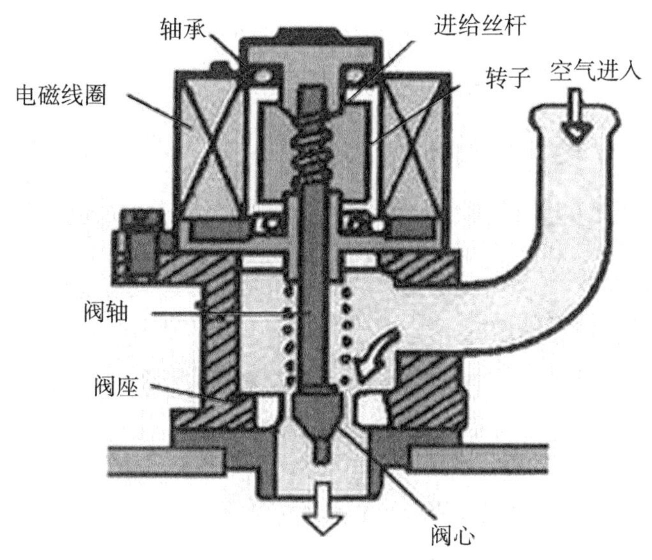

图 7-1-14　步进电机型

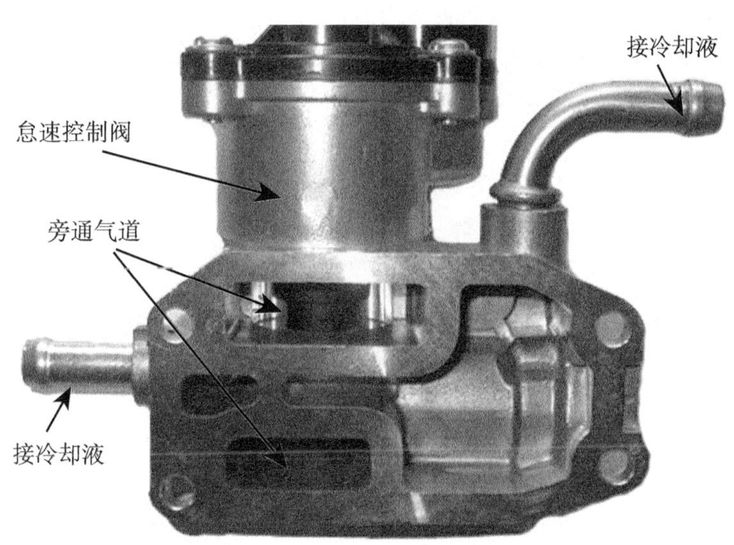

图 7-1-15　旋转电磁阀型

4. 冷却系统

（1）作用：使发动机在所有工况下都保持在适当的温度范围内。冷却系统既要防止发动机过热，也要防止冬季发动机过冷。

（2）分类：冷却系统按照冷却介质不同可以分为水冷和风冷（见图 7-1-16）。把发动机中高温零件的热量直接散入大气而进行冷却的装置称为风冷系统；而把这些热量先传给冷却水，然后再散入大气而进行冷却的装置称为水冷系统。由于水冷系统

冷却均匀，效果好，而且发动机运转噪声小，所以目前汽车发动机上广泛采用的是水冷系统。

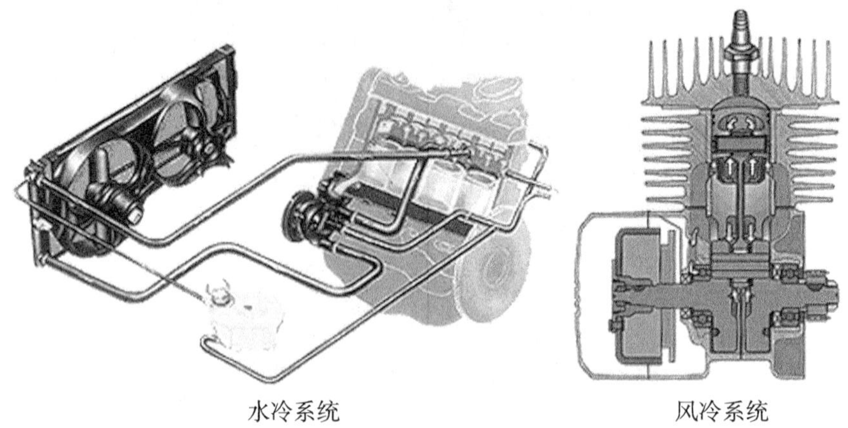

图 7－1－16　冷却系统分类

（3）组成：水冷系统由水泵、散热器、冷却风扇、节温器、补偿水桶、发动机机体和汽缸盖中的水套以及其他附属装置等组成。

①水泵（见图7－1－17）：对冷却液加压，保证其在冷却系统中循环流动。汽车发动机广泛采用离心式水泵。

图 7－1－17　水泵

②散热器（见图7－1－18）：由进水室、出水室及散热器芯三部分构成。冷却液在散热器芯内流动，空气在散热器芯外通过。热的冷却液由于向空气散热而变冷，冷空气则因为吸收冷却液散出的热量而升温，所以散热器是一个热交换器。

图 7－1－18　散热器

③冷却风扇（见图 7－1－19）：当风扇旋转时吸进空气，使其通过散热器，以增强散热器的散热能力，加速冷却液的冷却。

图 7－1－19　冷却风扇

④节温器（见图 7－1－20）：是控制冷却液流动路径的阀门。它根据冷却液温度的高低，打开或者关闭冷却液通向散热器的通道。

图 7－1－20　节温器

⑤补偿水桶（见图7－1－21）：当冷却液受热膨胀时，部分冷却液流入补偿水桶；而当冷却液降温时，部分冷却液又被吸回散热器，所以冷却液不会溢失。

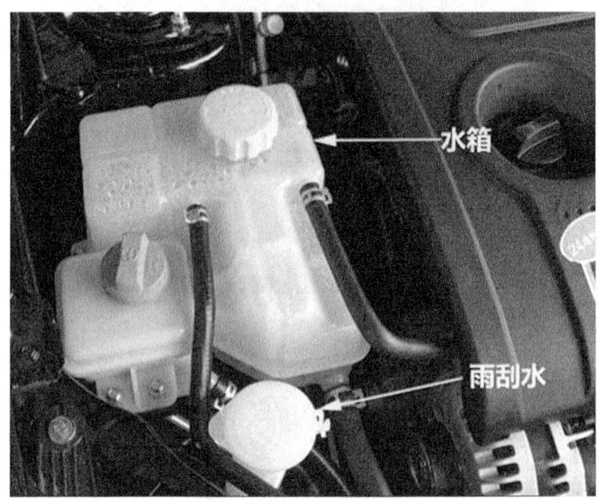

图7－1－21　补偿水桶

二、相关实训准备

桑塔纳2000AJR发动机及翻转架、世达工具150件、常用工具、工作台等。

任务实施

（1）排气歧管侧附件的安装，如图7－1－22所示。

☞操作说明：使用合理工具，按照一定顺序对发动机排气歧管侧附件进行安装，注意相应的标记。

（a）安装排气歧管垫

（b）安装排气歧管

图7－1－22　排气歧管侧附件的安装

（c）用手拧紧排气歧管固定螺栓

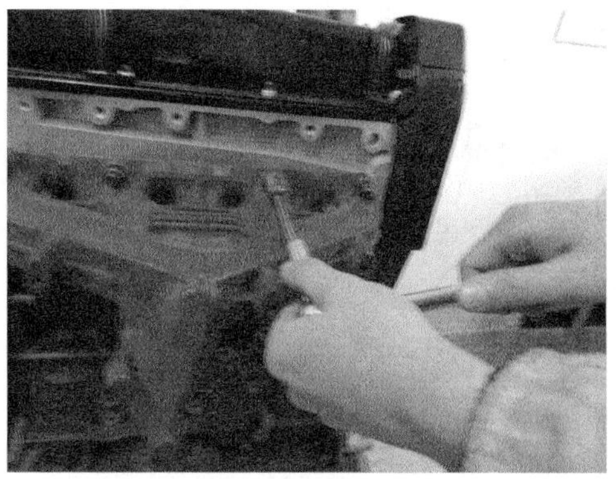

（d）用工具拧紧排气歧管固定螺栓

图 7－1－22　排气歧管侧附件的安装（续）

（2）进气管侧附件的安装，如图 7－1－23 所示。

☞操作说明：使用合理工具，按照一定顺序对发动机进气歧管侧附件进行安装，注意相应的标记。

（a）安装节温器

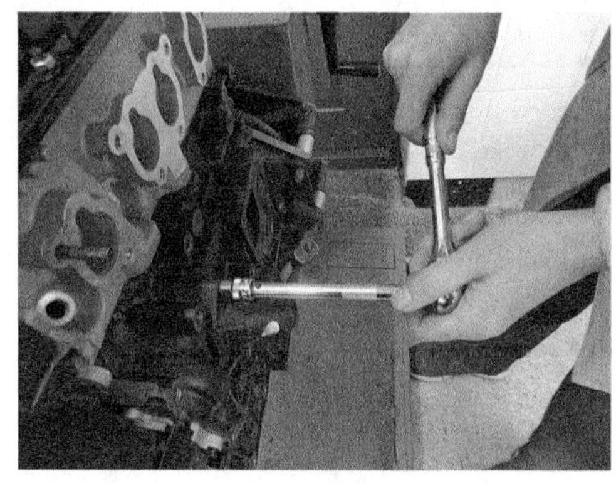

（b）用工具紧固装节温器螺栓

（c）安装机油滤清器座

（d）拧紧机油滤清器座螺栓

图 7－1－23　进气管侧附件的安装

(e) 润滑机油滤清器

(f) 安装机油滤清器

(g) 拧紧机油滤清器

(h) 安装水管

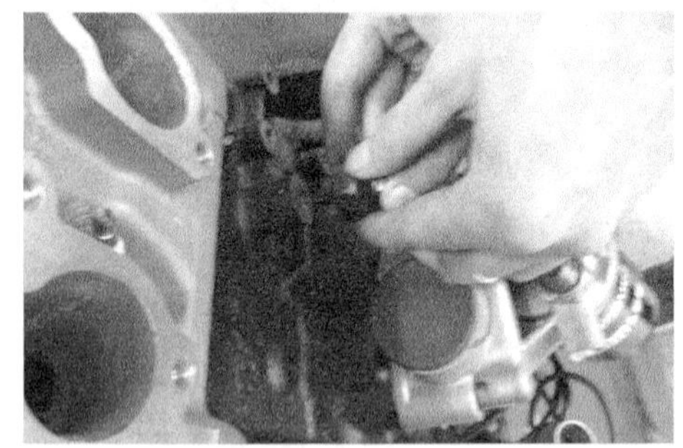
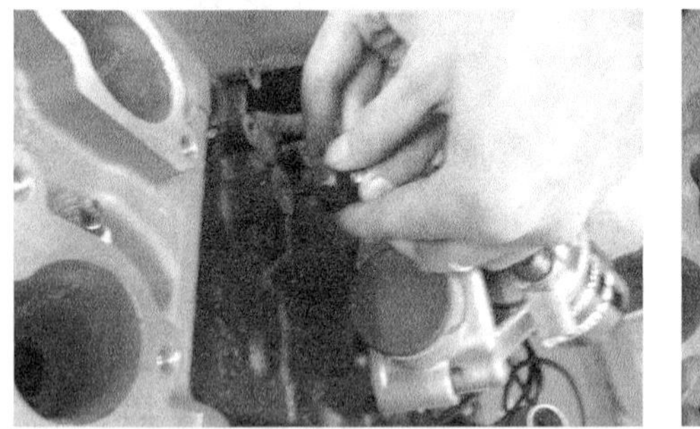

(i) 安装传感器

(j) 拧紧传感器螺栓

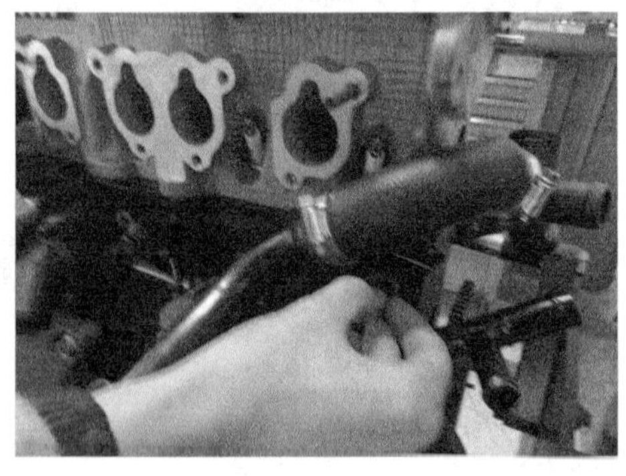

(k_1) 安装水管

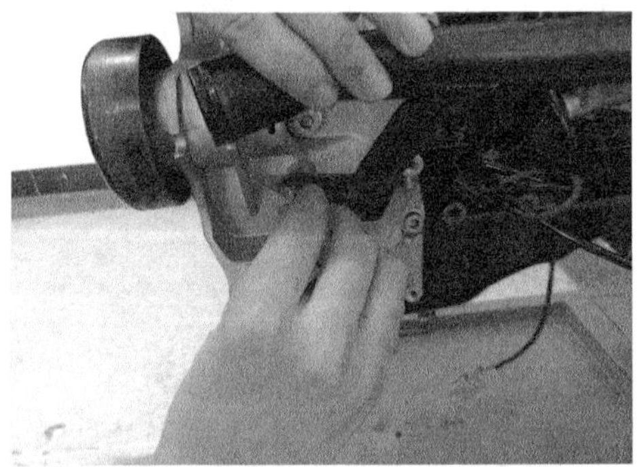

(k_2) 安装水管

图 7-1-23 进气管侧附件的安装（续）

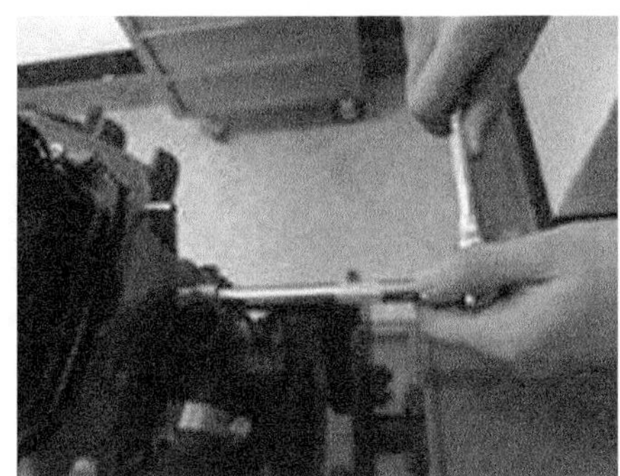

（k_3）安装水管

（l）安装进气歧管垫

（m）安装进气歧管

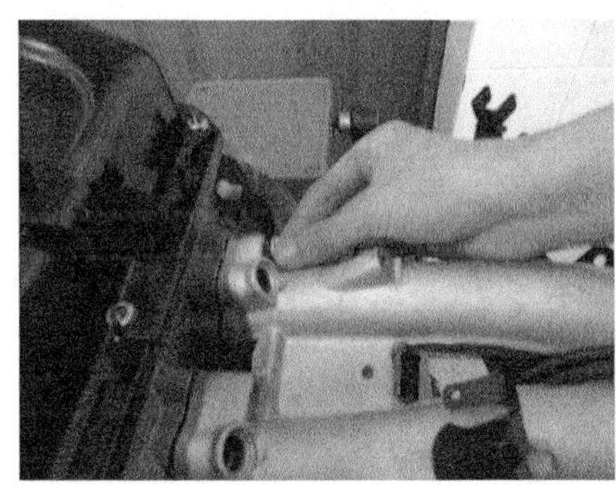

（n_1）安装进气歧管螺栓

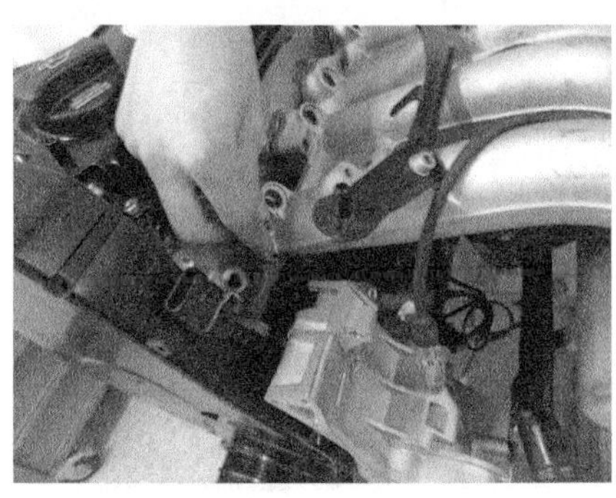

（n_2）安装进气歧管螺栓

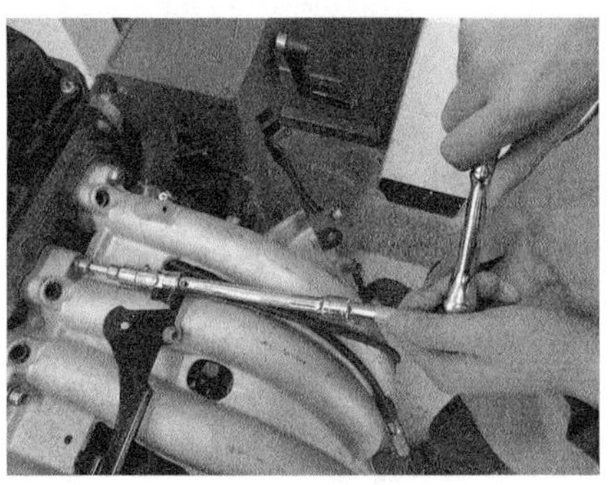

（o）拧紧进气歧管螺栓

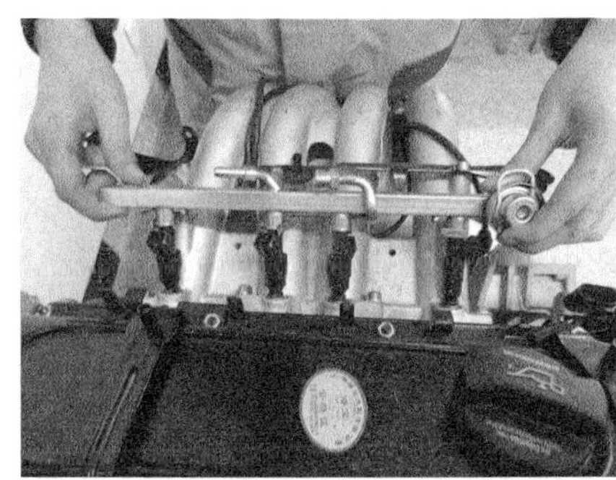

（p）安装燃油总管总成

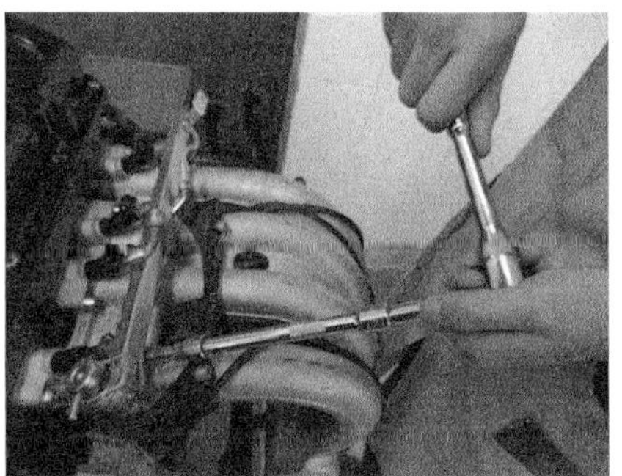

（q）拧紧燃油总管总成螺栓

图 7－1－23　进气管侧附件的安装（续）

（r）安装节气门体

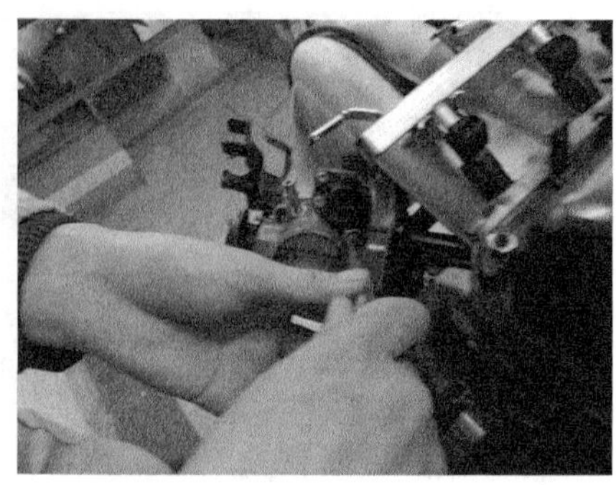

（s）安装节气门体螺栓

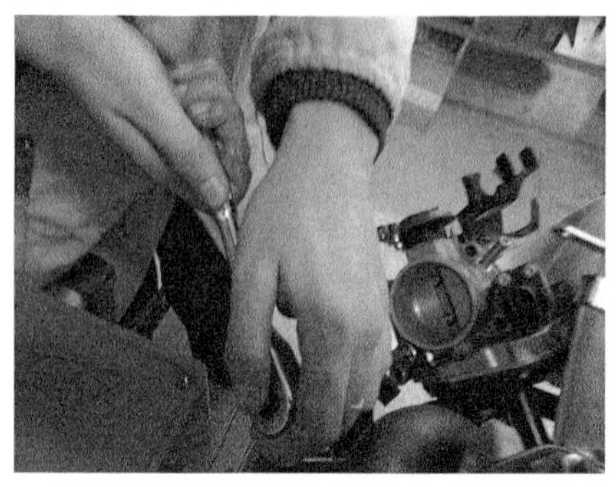

（t）拧紧节气门体螺栓

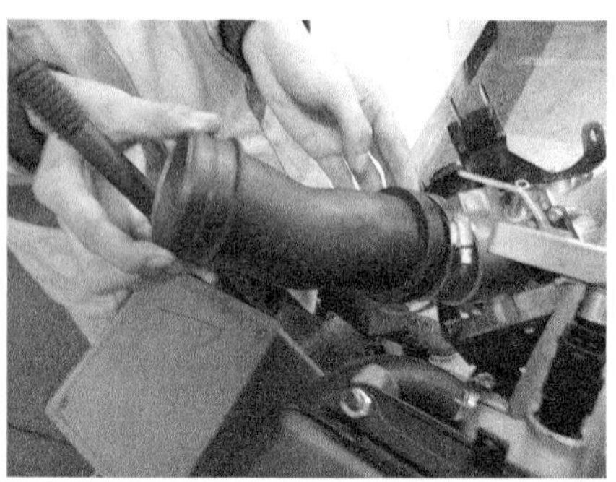

（u）安装进气软管

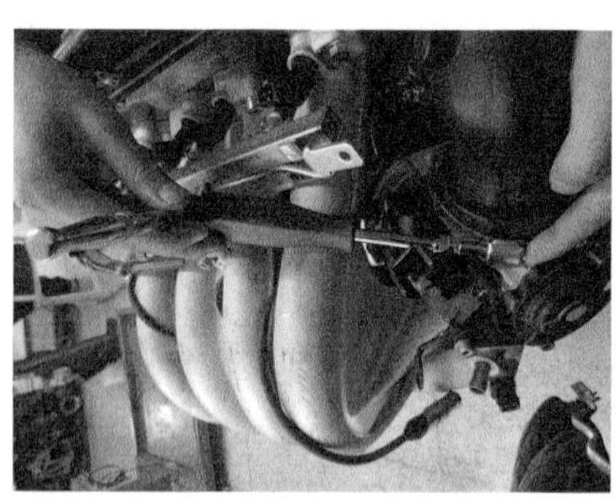

（v）拧紧进气软管螺栓

（w）安装进气软管

（x）安装机油尺导管

（y）安装机油尺

图7－1－23　进气管侧附件的安装（续）

任务二　发动机前端附件的安装

任务目标

1. 明确发动机前端附件的位置
2. 安装工具使用

任务准备

一、相关知识准备

汽车发电机如图 7－2－1 所示，是汽车的主要电源，其功用是在发动机正常运转时（怠速以上），向所有用电设备（起动机除外）供电，同时向蓄电池充电。汽车用发电机可分为直流发电机和交流发电机，由于交流发电机在许多方面优于直流发电机，直流发电机已被淘汰。

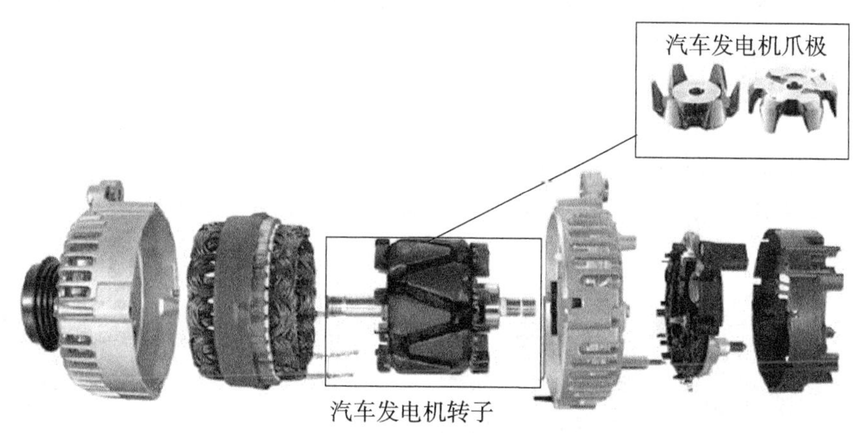

图 7－2－1　汽车发电机

1. 整体交流发电机的工作原理

当外电路通过电刷使励磁绕组通电时，便产生磁场，使爪极被磁化为 N 极和 S 极。当转子旋转时，磁通交替地在定子绕组中变化，根据电磁感应原理可知，定子的三相绕组中便产生交变的感应电动势。这就是交流发电机的发电原理。

由原动机（即发动机）拖动直流励磁的同步发电机转子，以转速 n（rpm）旋转，三相定子绕阻便感应交流电势。定子绕阻若接入用电负载，电机就有交流电能输出，经过发电机内部的整流桥将交流电转换成直流电从输出端子输出。

2. 交流发电机的组成

交流发电机分为定子绕组和转子绕组两部分，三相定子绕组按照彼此相差120度电角度分布在壳体上，转子绕组由两块极爪组成。当转子绕组接通直流电时即被励磁，两块极爪形成N极和S极。磁力线由N极出发，透过空气间隙进入定子铁心再回到相邻的S极。转子一旦旋转，转子绕组就会切割磁力线，在定子绕组中产生互差120度电度角的正弦电动势，即三相交流电，再经由二极管组成的整流元件变为直流电输出。

3. 供电电路

当开关闭合后，首先由蓄电池提供电流。电路为：蓄电池正极→充电指示灯→调节器触点→励磁绕阻→搭铁→蓄电池负极。此时，充电指示灯由于有电流通过，所以灯会亮。

但发动机起动后，随着发电机转速提高，发电机的端电压也不断升高。当发电机的输出电压与蓄电池电压相等时，发电机“B”端和“D”端的电位相等，此时，充电指示灯由于两端电位差为零而熄灭。指示发电机已经正常工作，励磁电流由发电机自己供给。发电机中三相绕阻所产生的三相交流电动势经二极管整流后，输出直流电，向负载供电，并向蓄电池充电。

二、相关实训准备

桑塔纳2000AJR发动机及翻转架、世达工具150件、常用工具、工作台等。

任务实施

（1）发电机支架及发电机安装，如图7-2-2所示。

☞操作说明：使用合理工具，按照一定顺序对发电机支架及发电机进行安装，注意相应的标记。

（a）安装发电机支架

（b_1）安装发电机

图7-2-2　发电机支架及发电机安装

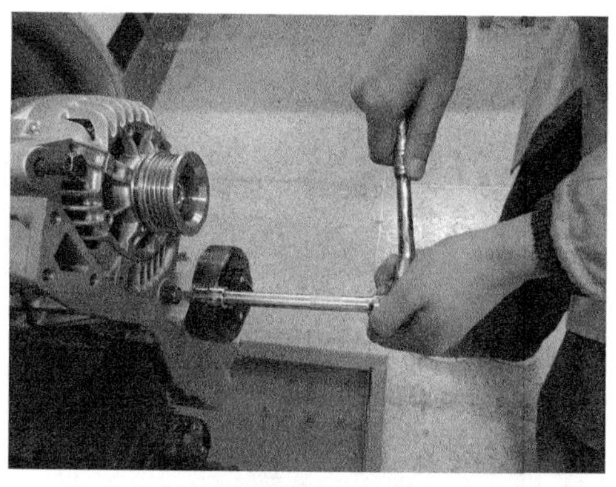

（b_2）安装发电机

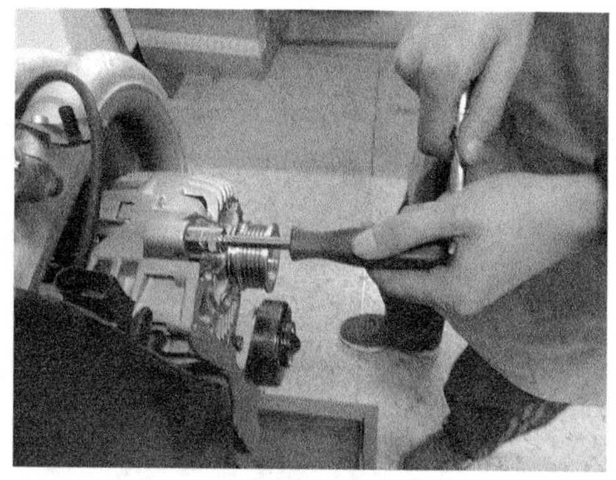

（b_3）安装发电机

图7－2－2　发电机支架及发电机安装（续）

（2）液压转向助力泵的安装，如图7－2－3所示。

☞操作说明：使用合理工具，按照一定顺序对液压转向助力泵进行安装，注意相应的标记。

（a）安装液压转向助力泵

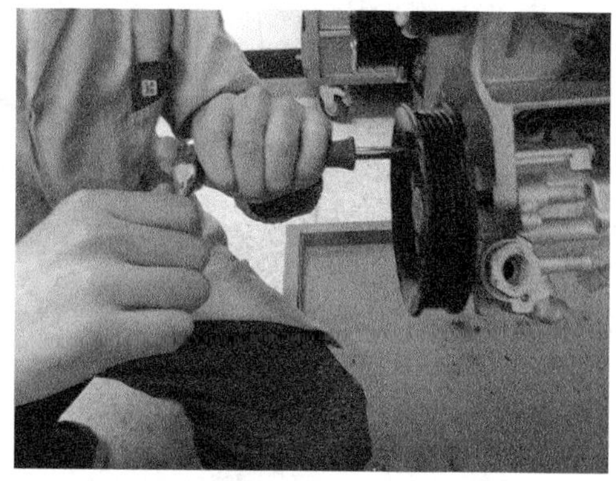

（b_1）安装液压转向助力泵螺栓

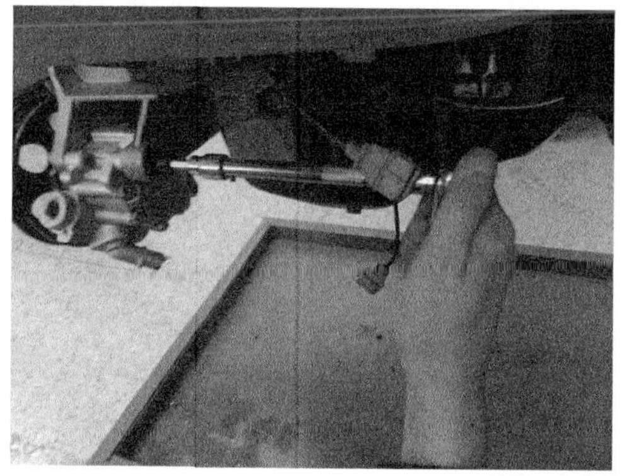

（b_2）安装液压转向助力泵螺栓

图7－2－3　液压转向助力泵的安装

(3) 传动带的安装，如图 7-2-4 所示。

☞操作说明：使用合理工具，按照一定顺序对发动机传动带进行安装，注意相应的标记。

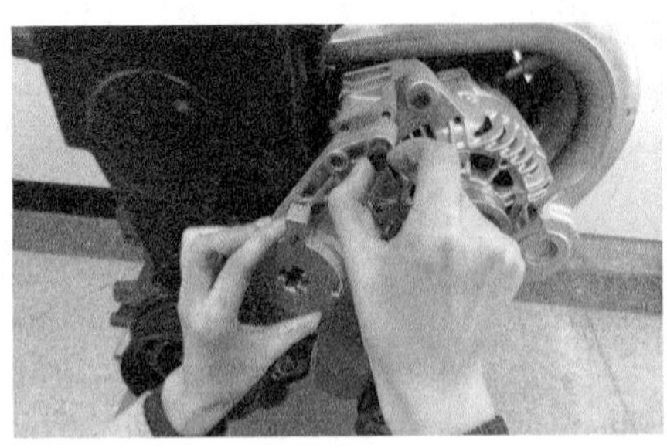
(a) 安装张紧器

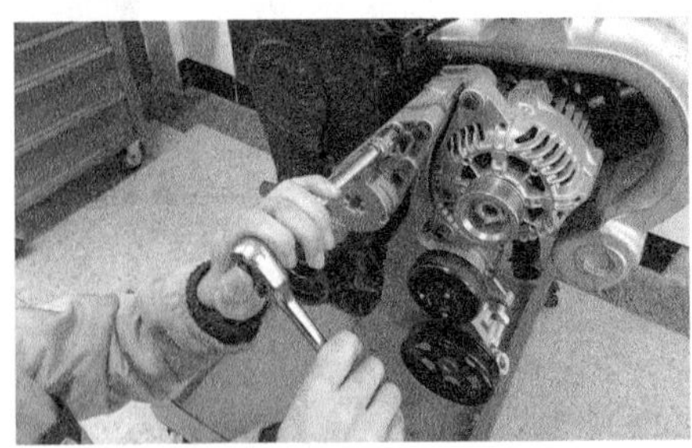
(b) 拧紧张紧器螺栓

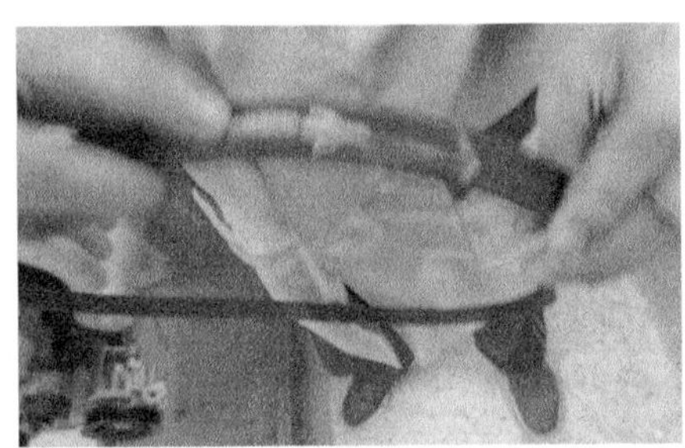
(c) 检查皮带上的标记

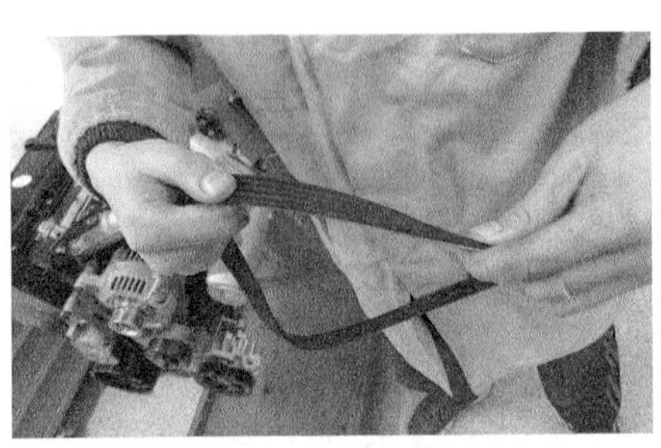
(d) 检查皮带老化

(e_1) 安装皮带

(e_2) 安装皮带

(f) 取下张紧器锁止销

图 7-2-4 传动带的安装

附录　AJR 发动机拆、装操作考试技术文件

一、评分项目中的扣分细则解释

1. 规范操作

（1）指考生在该小项中所有步骤的完成程度、拆装顺序的合理性和操作的正确性。

（2）外围零件的拆卸与安装两个项目可以以总成进行拆装，在不影响拆卸和装配质量的情况下，考生可根据实际情况自行确定分总成拆装的顺序，但必须合理，分总成里面小项的拆装顺序必须按技术规范中的顺序进行操作。

2. 工具使用

指考生在各小项拆装过程中对工具的选择和使用正确程度，在作业过程中（含工具整理过程），发生工具落地另外扣分。

3. 拆装要点

指在某个小项拆装过程中对某个步骤操作规范有特别要求的内容，具体要求从所发布的技术文件为依据。

4. 口述内容

对于技术文件中标有可以采用口述部分的内容，可以采用口述表述其操作规范和技术参数。具体的可以采用口述的内容以发布的技术文件为依据。

5. 考试停止

（1）考核时间到，考生停止操作，未完成项目分数扣除。

（2）发生重大安全事故，终止考试。

6. 特殊扣分

（1）操作过程中发生零件、工具落地，每发生一次扣 1 分，共 15 分，扣完为止。

（2）要求零部件摆放整齐，零部件摆放凌乱扣 5 分。

（3）由于拆装引起的零件损坏（除零件本身质量外）、丢失等，一次扣 15 分。

（4）由于拆装引起的人身伤害，一次扣 30 分。

二、所用 AJR 发动机的说明

（1）本发动机的霍尔传感器及空调压缩机及皮带已预先拆除。

（2）连杆紧固为螺栓紧固。

（3）汽缸盖螺栓为内六角。